旅游地居民绿色行为管理
影响机理与政策导向

Green Behavior Management of Destination Residents
Influence Mechanism and Policy Orientation

王 晶 王善勇 万 亮 著

中国科学技术大学出版社

内 容 简 介

旅游情境中的绿色行为一直以来都被旅游学者视为生态旅游的显著特征以及可持续旅游的重要组成部分。旅游情境下的相关利益群体主要由旅游地居民、旅游者、旅游经营者和管理者组成。旅游地环境是旅游地居民日常生活和工作的主要场所，旅游地居民作为旅游地的主要利益相关者之一，他们的绿色行为对于旅游地可持续发展的重要作用不言而喻。本书分别从人际人地关系视角、个体动机与社会资本视角、可持续氛围视角出发，深入探究旅游地居民绿色行为的影响机理，并对旅游地居民绿色行为的政策导向进行仿真研究，为相关决策者和管理者培育绿色行为提供了可行的实践建议和政策指导。

本书可供旅游地管理决策者及社会学、旅游学和环境保护等相关领域的研究人员阅读，也可作为高校相关专业的教材或研究生教学参考书。

图书在版编目(CIP)数据

旅游地居民绿色行为管理：影响机理与政策导向/王晶，王善勇，万亮著. —合肥：中国科学技术大学出版社，2024.5
ISBN 978-7-312-05912-4

Ⅰ. 旅… Ⅱ. ①王… ②王… ③万… Ⅲ. 旅游地—生态环境保护—研究—中国 Ⅳ. X321.2

中国国家版本馆 CIP 数据核字(2024)第 054043 号

旅游地居民绿色行为管理：影响机理与政策导向
LÜYOUDI JUMIN LÜSE XINGWEI GUANLI：YINGXIANG JILI YU ZHENGCE DAOXIANG

出版	中国科学技术大学出版社
	安徽省合肥市金寨路 96 号，230026
	http://press.ustc.edu.cn
	https://zgkxjsdxcbs.tmall.com
印刷	合肥华苑印刷包装有限公司
发行	中国科学技术大学出版社
开本	710 mm×1000 mm 1/16
印张	9.75
字数	170 千
版次	2024 年 5 月第 1 版
印次	2024 年 5 月第 1 次印刷
定价	58.00 元

前　言

　　"绿水青山就是金山银山"的理念已经深入人心,成为百姓耳熟能详、各行各业积极践行的重要理念,在旅游领域尤其如此。习近平总书记多次对生态保护和发展旅游的关系作出重要论述、提出明确要求,殷殷嘱托,让旅游业界更加坚定绿色发展的方向和信心。当前,我国向国际社会郑重承诺"2030 年前碳达峰、2060 年前碳中和",绿色发展的重要意义更加凸显。在此背景下,旅游业需要进一步实现绿色、低碳发展。倡导旅游情境下的绿色行为不仅是旅游业转型升级、高质量发展的需要,也是助力全社会养成绿色消费习惯的重要方式。

　　从研究主题来看,国内外旅游学者对旅游情景下绿色行为的研究对象大多聚焦于旅游者。由于旅游地环境是旅游地居民日常生活和工作的主要场所,旅游地居民的绿色行为对于旅游地的可持续发展至关重要。然而,现有文献却较少将旅游地居民绿色行为纳入旅游地可持续发展的研究当中。对旅游地居民绿色行为研究的不足,将不利于改变旅游地居民传统的资源利用方式、践行绿色生活方式,从而削弱旅游地可持续发展举措和政策的实施效果。从现实意义来看,旅游地居民为加强旅游地生态环境保护的中坚力量,充分培育旅游地居民绿色行为,可以间接唤醒旅游者的保护意识和责任感,有利于践行绿色旅游理念,推进新时代优质旅游建设,实现美丽中国的美好蓝图。

　　本书将旅游地居民作为研究对象,在对旅游地居民绿色行为理论基础和已有研究进行梳理的基础上,从不同视角和层面(如人际人地关系视角、个体动机与社会资本视角和感知社会氛围视角)对旅游地居民绿色行为影响机理进行分析,为如何培育旅游地居民绿色行为提供了理论指导。同时,通过政策仿真研究,为旅游地居民绿色行为政策的制定提供了科学依据。

特别感谢教育部人文社会科学青年项目(23YJCZH212)、中央高校基本科研业务费专项资金(WK2040000061)和中国科学技术大学新文科基金一般项目(FSSF-A-230105)对本书的资助。

由于成书时间紧张,疏漏之处在所难免,敬请广大读者批评指正。

作　者

2023 年 10 月

目　　录

第 1 章

绪　　论

1.1 研究背景

作为发展较快的行业之一，旅游业不仅对旅游地的经济发展存在重要意义，也对旅游地的就业和文化推广有着重大影响（Geary，2018）。通过一系列与旅游相关的活动，旅游业为旅游地创造了多种职业机会，并促进了旅游地经济的增长。然而，随着人均收入的增长，旅游者数量迅速增加，旅游业在快速发展的同时也出现了大量资源浪费和旅游地环境退化的现象（Kalayci，2019；Tang et al.，2018），由于旅游业的需求增加，一些地区可能面临土地开发过度、生态环境受到破坏等问题。此外，旅游业的发展也带来了大量温室气体的排放，使本来就面临资源短缺、大气污染等状况的旅游地环境形势更为严峻。例如，旅游业的繁荣通常意味着游客的大规模流动，这导致了交通碳排放量的持续增加；酒店、度假村和其他住宿设施需要大量的能源来满足游客的需求，也导致更多的温室气体排放，尤其是在使用化石燃料的地区。因此，人们逐渐认识到，旅游业的蓬勃发展可能是导致动物栖息地减少和旅游地自然资源急速耗竭的主要原因之一（Fletcher，2019）。昔日被视为"无害产业"的旅游业如今不再如此，它已被揭示出在环境方面的深远影响。如果对旅游地相关的环境问题不进行有效的治理和抑制，那么旅游业快速扩展的机会成本将可能是环境退化（谢磊等，2023）。在这一背景下，资源与环境的困境使得旅游地必须着手进行生态环境保护，以减少旅游业发展所带来的环境破坏。因此，实现人与自然的协调发展，同时平衡社会、文化和经济效益，成为旅游业发展过程中刻不容缓的任务。旅游地利益相关者的环保尝试和努力，可以在一定程度上削减旅游业发展对旅游地环境带来的负面影响。

旅游地居民在旅游地环境保护方面发挥着重要作用。作为社区的一部分，他们深刻了解旅游地的自然景观和文化遗产，因此对保护环境有着更为敏感的认知（樊海莲，2023）。这种地方知识不仅为环境保护工作提供了有价值的信息，还可以帮助确定哪些地区需要特别的关注和保护措施。与此同时，旅游地居民与土地之间的情感联系也激发了他们积极参与环保事业的意愿。旅游地居民的参与可以推动社区环保意识的提升。他们通过参与环保活动、组织宣传和教育活动，将环保信息传递给其他社区成员、游客以及当地企业，从而鼓励更多人加入保护行动的行列。此外,他们深切理解环境保护对于维持可持续的旅游业和生计的重要性。他们的生活和经济离不开旅游业,因此他们更能意识到过度开发和环境破坏可能会对他们的未来造成不利影响,从而更愿意采取积极的保护行动(闫孝茹,2020)。在社区内,旅游地居民形成了紧密的社交网络,这为集体合作和协同行动创造了良好条件。他们可以共同组织环保活动、社区清理行动和宣传活动,共同为保护环境贡献力量。此外,旅游地居民的绿色行为也将对旅游地环境产生积极影响。通过节约用水用电、采用可再生能源、进行垃圾分类等方式,影响整个社区的生态足迹,从而促进更健康的环境治理。综上所述,旅游地居民是旅游地环境保护的重要参与者和推动者。他们的地方知识、情感纽带、经济关系以及社区合作精神,都使得他们在维护旅游地的自然美丽和可持续发展方面发挥着关键作用(葛绪锋,吕文佼,2023)。因此,如何鼓励旅游地居民保护旅游地环境、促进当地居民的绿色行为参与是一项重要议题。

旅游地居民与旅游地生态环境之间存在一种特殊的"共生关系",维持两者间良好的共生关系将使旅游地的资源价值得到充分发挥和提升。旅游地居民与旅游地环境之间的共生关系表现在如下方面:第一,旅游地居民既会与旅游地产生互动,也能与游客广泛接触。对于游客来说,当地居民是旅游地的代表;对于旅游地来说,当地居民是连接游客与当地文化的桥梁。第二,如今游客出游不再只是观光,也有体验旅游地当地生活和文化的目的。而旅游地居民的一言一行将对游客的体验产生深刻的影响。第三,旅游地居民也可以是自己所居住旅游地的游客,他们可以从居民和游客的双重视角与旅游地进行互动,全面了解旅游地,也将更有能力和机会为旅游地的发展作出贡献(Berbekova et al.,2023)。因此,旅游地居民作为旅游地环境管理的主要参与者和利益相关者,他们的绿色行为实施情况对于旅游地环境保护至关重要。本书将首先基于人际人地关系视角,探究旅游地居民绿色行为的影响机理。

随着旅游业的发展及居民生活水平的提高,自我超越动机及地位激活动机在个体社会行为中的影响力越来越大(Lee,Cho,2019)。此外,由于旅游地居民是以社区为单位聚集的,社区社会资本不可避免地会对居民个体动机及行为产生影响。换句话说,社区社会资本可以被视为促进旅游地居民绿色行为改变的潜在催化剂(Liu et al.,2014)。自我超越动机是指个体追求更高目标、更大成就和更有意义的生活的内在动力。了解旅游地居民是否因为对环境的担忧、对社会责任感的追求等自我超越动机而采取绿色行为,可以帮助有关部门设计教育和宣传活动,同时激发旅游地居民的积极行动。地位激活动机是指个体通过采取某种行为来维护或提升自己在社交群体中的地位或声誉。如果绿色行为在社交圈子中受到认可和尊重，那么旅游地居民更有可能采取这些行为（吕宛青，汪熠杰，2023）。因此，了解地位激活动机如何影响绿色行为可以帮助我们缓解社会压力和构建社交认同，促进可持续行为。社会资本包括人际关系、社会网络和信任等因素，它们在影响个体行为和决策方面发挥着重要的作用。通过社会资本视角，我们可以理解旅游地居民如何受到家人、朋友、邻居等社会网络的影响，以及这些关系如何塑造他们的绿色行为（Dai et al.，2021）。值得注意的是，有文献表明，社区社会资本的影响可能会抑制行为动机的自由表现，从而削弱个人动机的行为效应（Ling，Xu，2020）。也就是说，个人动机与社区社会资本之间可能存在不兼容性。那么，这种不兼容性对旅游地居民绿色行为存在何种影响呢？这一点在已有研究中尚未得以揭示。因此，本书将基于个体动机与社会资本视角，探索旅游地居民绿色行为的影响机理。

实际上，在实践中，环境态度或动机与旅游地居民实际绿色行为之间常常存在不一致（Wang et al.，2018）。也就是说，旅游地居民在意识到和关注环境问题的同时，不采取任何行动的悖论在现实中仍然存在。个体对于情境因素的感知对于个体行为的激励十分重要（Norton et al.，2014）。当个体决定是否采取绿色行为时，他们会从周围环境中获取线索（Leung，Rosenthal，2019）。若管理者和决策者在情境层面制定了培育绿色行为的相关政策、法规和沟通措施等，将有望形成可持续氛围，积累成一种与日俱增的积极公众情绪（Balaji et al.，2019）。居民感知到的可持续氛围越强，则越有可能参与绿色行为，从而越有可能影响旅游者参与到旅游地环境保护中去（郝骁荣，2023）。无论学者和从业者如何努力，如果居民不采取绿色行为和生活方式，那么所有努力都将徒劳无功（Wu et al.，2013）。因此，旅游地居民感知可持续氛围对他们绿色行为的影响值得关注。本书将基于感知可持续氛围视角，探索旅游地居民绿色行为的影响机理。

此外，值得注意的是，环境恶化是旅游地发展面临的挑战之一。旅游地居民必须在短期内改变其非环保的行为和生活方式，以缓解旅游地环境恶化。管理者和决策者应制定相关绿色行为引导政策来激励旅游地居民在行为和生活方式上的转变。绿色行为引导政策的发展伴随着公众对环境问题认知的深化而不断完善。事实上，政府部门通过相关绿色行为政策导向的制定向公众传递出明确的信号，即政府部门十分重视公众绿色行为的参与（Silva，2017）。因此，为实现旅游地可持续发展目标，绿色行为引导政策是其中重要一环。我国政府已制定涉及不同社会层次的、具体的绿色行为引导政策。如在宏观层面上制定命令与控制型引导政策,总体指导和引领我国环保事业的发展;在中观层面上制定经济激励型引导政策,引导相关污染企业参与环境治理;在微观层面上制定公众参与型引导政策,旨在鼓励个体积极参与环境规制。然而,政府要弥合政策发展与行为变化之间的差距并不总是容易的。在这一背景下,了解各类绿色行为政策对旅游地居民绿色行为长期变化的效用就显得十分重要。因此,本书的主要内容之一是对不同类型的绿色行为引导政策进行仿真,从而为旅游地居民的绿色行为管理提供政策建议。

综上所述,为了回答如何鼓励旅游地居民积极参与绿色行为这一问题,本书基于人际人地关系视角、个体动机与社会资本视角以及感知可持续氛围视角探究旅游地居民绿色行为影响机理,并对旅游地居民绿色行为的引导政策进行仿真,模拟不同政策对于旅游地居民绿色行为的潜在影响,为政策制定者提供科学依据。

1.2　研究意义

1.2.1　理论意义

第一,驱动旅游地居民绿色行为是一个复杂的过程,厘清旅游地居民绿色行为影响机理是管理其绿色行为的前提条件。本书基于人际人地视角、个体动机与社会资本视角以及感知可持续氛围视角,分析旅游地居民绿色行为的影响机理,构建并检验多角度、多层次的研究模型,扩展了旅游地居民绿色行为领域研究的视角。

第二,基于 ABMS 方法,就不同类型引导政策对旅游地居民绿色行为和行为意愿的长期变化进行仿真,体现了社会科学与计算机技术的交叉,为后续绿色行为研究借鉴和融合多学科知识和方法提供了思路。

第三,通过建立旅游地居民绿色行为的"政策—行为"作用机理模型,可以明晰不同政策导向以及不同政策强度在推动旅游地居民绿色行为意愿向实际绿色行为转化过程中的不同效用,并进一步提出有针对性的政策建议。现有文献大多关注绿色行为的影响前因,而对不同政策导向对行为干预效应的研究不足,本书填补了旅游情境下这一方面研究的不足。

第四,基于 NetLogo 仿真平台,建立不同类型和强度的引导政策对旅游地居民绿色行为作用效果的计算机动态仿真模型,仿真模型结果展示了不同政策导向以及不同政策强度干预下旅游地绿色行为和意愿的变化特征。现有文献中引导政策对旅游地居民绿色行为驱动的动态变化和长期影响尚未得到关注,上述仿真结果较为直观地展示了不同政策和不同政策强度对旅游地居民绿色行为变化的长期动态影响,弥补了现有文献的不足。

1.2.2　实践意义

第一,旅游地居民绿色行为这一个体行为属于微观范畴,本书从旅游地居民绿色行为的影响机理研究过渡到引导政策层面的研究,将宏观公共政策层面与微观主体层面相结合,有利于个体绿色行为领域和公共政策领域的结合。在这两者结合的基础上,政策制定者将进一步了解宏观政策对于微观个体行为的引导效用。

第二,本书旅游地居民绿色行为影响机理框架和政策仿真模型的数据均来自实地调研,具有一定的现实和实践基础。综合个体绿色行为层面、社区集体层面和政策情境因素层面探究旅游地居民绿色行为管理,可以使管理者和政策制定者更加系统地了解旅游地居民绿色行为的特征,把握不同类型引导政策对绿色行为和意愿的长期动态影响,研究结论对如何有效地促进旅游地居民绿色行为参与有较高的参考价值。

1.3　核心概念界定

1.3.1　旅游地

通常情况下,"旅游地(Tourism Destination)"指的是地理单位,通常被视为旅游业分析的基本单元(Żemła,2016)。许多学者在其文献中对旅游地进行了定义。Ritchie 和 Crouch(2003)认为,旅游地是游客可以体验各种旅行类型的地区。Richardson 和 Fluker(2004)将旅游地描述为旅游的基本单位,是旅游产品开发和提供的焦点。Gunn 和 Var(2002)将旅游地定义为旅游市场区域,并将其称为可以满足游客需求和提供体验的地理区域。Buhalis(2000)认为,旅游地是提供旅游产品和服务的综合体,游客在旅游地的品牌名称下进行消费和体验。Buhalis(2000)还指出,旅游地的核心由六个主要组成部分构成,包括景点、交通、便利设施、住宿、活动和辅助服务。总的来说,旅游地被认为是一个地理区域,其中集结了旅游业以及旅游业所有的服务和基础设施。旅游地是旅游业产品不可或缺的组成部分,也是旅游业竞争力的基本单元。然而,也有学者指出,旅游地是利益相关者生活、工作和娱乐的地方,因此非常复杂,不能简单等同于产品或商品(Hall,2004)。

在本书中,旅游地特指自然旅游地,为游客提供旅游体验,为当地居民提供工作和生活资源,同时提供各种服务和设施。旅游地涵盖了不同类型的利益相关者,包括旅游企业、雇员和旅游社区(Van Niekerk,2014)。研究表明,促使旅游地发展的因素包括旅游地居民在内的各利益相关者之间的合作、环境参与以及品牌推广等(Almeida-García et al.,2016)。与游客相比,作为旅游地利益相关者的重要组成部分,旅游地居民的日常生活和娱乐活动与旅游地密切相关(Sharpley,2014;Garrod et al.,2012)。旅游地居民是指居住在特定旅游地区的人群,他们在该地区生活、工作并参与社会活动。这些居民可能是长期居住在该旅游地的个体,也可能是移居到该旅游地的个体。他们是旅游地社区的一部分,与旅游活动紧密相关。旅游地居民在旅游地的发展和运营中扮演着重要的角色。他们直接或间接地参与到旅游产业中,从而影响着旅游地的生态、社会和经济环境。

1.3.2 绿色行为

旅游业的发展依赖于旅游地的自然环境(Vollero et al.,2018)。旅游地环境的退化可以归因于与旅游活动相关的一系列行为,包括旅游或其他娱乐活动的有害排放(金美兰,2019)、采集或破坏动植物标本(He et al.,2018)、破坏栖息地(Dwyer et al.,2010)以及过度拥挤(Kim et al.,2011)等。呼吁保护旅游地环境的绿色行为已成为研究人员、旅游地营销者和管理者关注的重要议题(Ballantyne et al.,2011;Dickinson,Robbins,2008)。对绿色行为及其影响因素的探索已成为研究热点。Han 和 Hwang(2017)指出,减少环境破坏以及有助于环境保护的行为都可以统称为绿色行为，包括改变环境中物质或能源的使用方式、改变生态系统结构的各类行为。总的来说，绿色行为被广泛接受的定义是：有目的地采取行动，以减少对环境负面影响的行为总称（Han，Hwang，2017）。

在本书中，统一采用术语"绿色行为（Green Behaviors）"，与其他文献中使用的"环境责任行为""环保行为""亲环境行为"等只是在称谓上有所不同，但内涵上并无差异，主要指的是为保护环境或防止环境恶化而有意识地进行的活动。在本书中，旅游地居民的绿色行为被定义为：旅游地当地居民为保护旅游地环境而采取的自发的、积极的行为。旅游地居民的绿色行为包括自愿减少日常生活产生的污染、关注旅游地生态环境质量等方面的行为。

1.3.3　绿色行为溢出效应

Thøgersen（1999）首次在环境领域提出了"溢出效应"的概念，他认为个体在某一特定环境领域的绿色行为可能会扩散到其他领域的绿色行为中（Han，Hyun，2017）。环境决策可能产生行为溢出效应，即实施某一特定绿色行为可能会影响未来非目标绿色行为的发生概率，换句话说，实施某一绿色行为可能会影响实施或不实施另一绿色行为的可能性（Stern，2000）。例如，"限塑令"政策的实施不仅可能影响居民使用塑料袋的行为，还可能影响他们的回收行为。这种影响是正向的，增加了后续行为的发生概率，被称为积极的溢出效应（叶丽娟，2017）。Truelove 等（2014）通过实验发现，给被试的购物行为贴上环保标签后，增加了他们在其他领域的绿色行为。然而，溢出效应并非总是积极的，认识到自己已经采取过绿色行为的个体可能会减少其对环境保护的责任感，从而产生负面的溢出效应（Thøgersen，Crompton，2009）。个体可能会将自己过去参与的绿色行为作为拒绝在其他领域继续实施此类行为的借口（Lanzini，Thøgersen，2014）。Klöckner 等（2013）在一项社会节水项目中发现，个体减少用水的同时电力消耗却呈上升趋势。Diekmann 和 Preisendörfer（1998）的研究发现，个体在家庭环境中实施绿色行为后，在旅行中实施这类行为的可能性会减少。

这些溢出效应可能源于几个不同的心理过程。积极的溢出效应可能源于个体对一致性行为的愿望，或者因为实施绿色行为是表达他们环保意识的主要方式（Tiefenbeck et al.，2013）。负面的溢出效应通常归因于道德许可，即个体在采取绿色行为后可能会感到道德上的"放松",因此不太可能继续采取其他绿色行为(Xu et al.，2020)。无论是积极的还是负面的溢出效应,都会影响行为干预的结果。因此,研究溢出效应对于制定有效的行为干预措施和策略至关重要,同时也有助于更深入地了解行为实施的原因和效果(Xu et al.，2020)。特别是,无论出现哪种机制,溢出效应都可能极大地改变行为干预的总体效果和成本效益。如果负面的溢出效应普遍存在,那么行为干预可能会高估其环境效益;如果积极的溢出效应普遍存在,那么环境效益可能会被低估,错过了让公众参与其他具有更大影响力的行为的机会(Lauren et al.，2016)。尽管学术界已经对绿色行为的溢出效应进行了广泛研究,但是在这个问题上并没有达成一致的结论。一些研究得出了负溢出效应,一些研究得出了正溢出效应,还有一些研究没有发现溢出效应的证据(Nilsson et al.，2017)。溢出效应测量的不一致性可能是导致研究结论不一致的原因之一,因为各个研究在度量实际行为、行为意愿、自我报告行为以及政策支持方面存在差异(Maki et al.，2016)。

1.3.4　人际人地关系

人际关系是指存在于人与人之间的各种关系,其中包括家庭关系、组织关系、教学机构关系、同伴关系和朋友关系等。大量的研究不仅给出了人际关系的定义,还确认了其在社会中的重要性(Zhang，2015)。Storey(2016)的研究结果表明,人际交往能力是个体准确认知自身对他人影响以及他人对自身影响程度的能力。建立人际关系意味着个体能够与他人建立和保持积极的关系,那些具备良好人际交往能力的个体通常与他人保持友好关系,乐于参与社会活动。Cho 和 Kim(2004)认为人际关系是促进个体之间互动社会网络形成的过程。Bar-On 和 Handley(1999)则认为人际关系指的是交往双方之间心理和情感上的距离。在本书中,人际关系被定义为在同一地区居住、拥有共同文化和生活方式的个体之间所建立的联系。

人际关系在人类社会活动中发挥着广泛影响,涵盖了与家人、朋友、邻居等的日常相处,如个体与老师、同学等在学习中的互动,以及与同事、领导等在工作中的交往,这些方面都属于人际关系的范畴,而人际关系对于个体的生活、学习和工作效率产生着不可忽视的影响。在以旅游地居民为研究对象的研究中,人际关系作为一个重要的视角应当受到重视。研究人员认为,如果某个地方能够促进个体之间的人际关系,那么个体很可能会对这个地方产生依恋感

(Scannell，Gifford，2010a；Scannell，Gifford，2010b），从而培养出归属感（Hammitt et al.，2009）。当个体通过与地方互动来与他人建立情感纽带时，地方的归属感也会进一步加强（Hammitt et al.，2006）。这种情感纽带在旅游地的环境保护方面具有重要意义（Hammitt，2000）。Fried（1963）认为，居住在某个地方的愿望源于人与人之间的互动。Altman 和 Low（2012）指出，居住地是个体与社区产生互动、形成社会关系的地方和环境，个体的依附不仅限于居住地本身，还包括在居住地中形成的社会关系。因此，从人际关系的视角出发，探究人际因素对旅游地居民的旅游地依恋和环境保护参与产生的影响具有重要意义。

人地关系是指人类与地理环境之间不断改变和利用的关系（陆大道，郭来喜，1998）。人类通过改变地理环境的地形，不断适应地理环境以在社会进程中取得生存优势。由于人类对自然的理解、利用和改造能力的不同，人地关系的内涵在不同历史时期发生了变化（郑度，2002）。人地关系实质上是一种相互依赖、相互影响的关系，但人类与土地的地位和作用并不平等（Tan，Li，2017）。首先，就起源顺序而言，陆地的存在早于人类。其次，从交互作用的角度来看，土地可以独立于人类存在，而人类则无法脱离土地。最后，在人地关系中，人类作为有生命的主体，需要不断地从土地中获取各种利益，如自然资源、发展空间、居住地等，而土地本身并不需要从人类那里获得利益。

人类对人地关系的认知主要包括两个方面，一是认识到地理环境对人类活动的限制，二是在与地理环境互动中能够发挥主观能动性（谌杨杨，2013）。人类与地理环境之间需要达到一定的平衡，以确保人地关系和谐，实现人类与环境的共生。在旅游地的情境下，自然资源条件和生态环境质量会在一定程度上制约旅游地的开发，但人类会借助科技等手段来利用这些自然资源，推动旅游地经济的发展。特别是在旅游地环境中，正确理解和妥善处理人地关系，是保持人地关系和谐、避免旅游地环境进一步恶化的关键。因此，从人地关系的视角出发，探究人地因素对旅游地居民的旅游地依恋和环境保护参与的影响具有重要意义。

1.3.5　社会资本

社会资本这一概念由社会学家彼得·布尔迪厄（Pierre Bourdieu）首次提出，并由罗伯特·普特南（Robert Putnam）进一步发展和广泛传播。该概念强调了社会关系、社会网络以及社会信任等因素对个体和整个社会效率、合作以及可持续发展的影响。普特南特别将社会资本的焦点从个体层面拓展到了集体层面,强调了社会资本在促进协调行动、集体合作和共同行为方面的重要作用。

社会资本可以被理解为存在于社会组织中的一系列社会关系和互动。它涵盖了以下几个要素:首先,信任(Trust)是社会资本的核心组成之一。它指的是个体在互动中对他人的期望,即相信他人会遵守承诺、言行一致,不会产生欺骗或背信行为。信任的存在有助于降低交易成本,促进合作,加强社会联系。其次,社会网络(Social Networks)包括个体之间的各种联系,如家庭关系、友谊、职业关系等。这些网络提供了信息交流、资源共享和社会支持的途径,有助于集体行动和协作的发展。再次,规范(Norms)是社会资本的另一个重要组成部分,指的是社会中共同遵循的行为准则和价值观。这些规范可以是道德准则、社会惯例等,它们为个体的行为提供了指导,减少了不确定性,促进了协作和合作。最后,归属感(Sense of Belonging)是指个体对自己属于某一社会群体或社区的感知和情感联系。这种情感联系使个体更愿意参与集体活动,为社区利益作出贡献。

社会资本对社区和整个社会的影响非常重要。在社区层面,它可以促进社区内个体之间的互动和合作,提高集体效能,增强社区的韧性和可持续发展。在社会层面,社会资本还可以减少社会不平等,改善社会公正,促进社会的稳定与和谐。总之,社会资本是一个综合性的概念,涵盖了个体间的信任、社会网络、规范以及归属感等方面的因素,强调了这些因素如何影响个体和社会的合作、协调行动,以及如何推动社会的可持续发展。

1.3.6　感知可持续氛围

感知可持续氛围是旅游地管理领域涉及的一个概念,它关注旅游地居民对于旅游地在环境、社会和经济方面的可持续性努力的感知程度,以及他们是否认为这些努力是积极且真实的。在已有研究中,感知可持续氛围被定义为旅游地居民是否相信旅游地在促进可持续发展方面采取了实际的积极举措(Leung,Rosenthal,2019)。

这一概念的要点包括:首先,认知与感知,即旅游地居民是否知道旅游地正在为可持续发展做出努力,以及是否能够感受到这些努力的影响。其次,感知可持续氛围关注的是旅游地在可持续发展方面所采取的各种行动，包括环境保护、社会责任和经济可持续性等方面。再次，强调积极且真实的努力，关键在于旅游地居民是否认为旅游地的可持续性努力是积极的，并且是真实的。这涉及他们是否认为这些努力不是表面的，而是真正地对旅游地的可持续发展产生了积极影响。最后，提供行为线索，感知可持续氛围为旅游地居民提供了关于在旅游地中受到赞扬、支持和奖励的具体行为的信息。这些线索可以影响旅游地居民的环境态度和绿色行为，鼓励他们参与支持旅游地的可持续性活动并为之努力。

综上所述，感知可持续氛围指的是旅游地居民对于旅游地在促进可持续发展方面的实际努力的认知和感知。这一概念关注他们对于旅游地是否采取了积极且真实的可持续性举措的看法，以及这些看法如何影响他们的环境态度和绿色行为。本书可以通过这一概念，揭示旅游地居民对于旅游地可持续性努力的态度，为旅游地居民行为管理和政策制定提供指导。

第 2 章

理论基础与文献综述

2.1 绿色行为理论模型

2.1.1 道德动机模型

1. 规范激活模型

规范激活模型（Norm Activation Model，NAM）是由 Schwartz 于 20 世纪 60 年代提出的社会心理学理论，用于解释人们参与利他行为的动机和过程。利他行为是指为他人谋福利而采取的行为，是社会互动和合作的基础。NAM 关注个体内部规范和外部行为之间的关系，通过解释个体是如何受到内部规范的影响来理解他们为什么会选择参与利他行为。其中，绿色行为作为利他行为的一个分支，已被广泛应用于 NAM 的研究和应用中（Schwartz，1968）。NAM 的核心概念在于个体内部的规范，即一种个人对于何种行为是正确、合适和值得的评价。这些个人规范可能是道德、社会、文化等方面的价值观。在 NAM 中，个体的规范需要被激活才能影响其行为。这意味着，若某种情境或因素引发个体的内部规范，那么他们更有可能采取与该规范一致的行为。

NAM 指出，影响个体规范激活的关键变量包括后果意识（Awareness of Consequences，AC）和责任归属（Attribution of Responsibility，AR）。后果意识是个体对其行为可能带来后果的认知。当个体认识到自己的行为可能对他人或环境产生积极影响时，他们更有可能被激活去采取符合规范的行为。责任归属是个体将行为的结果与自身行为联系起来的程度。这是个体是否认为自己有责任影响特定行为结果的度量。Schwartz 在早期的研究中使用了责任归属这一概念，但后来将其转化为责任否认（Responsibility Denial，RD）。这是因为他认为，为了保护自尊和应对潜在的焦虑，个体可能会倾向于在一定程度上否认自己对特定行为结果的责任。这种责任否认的行为可能会减弱个体规范激活的程度（Schwartz，1970a；Schwartz，1970b）。

规范激活模型的关键概念之间存在紧密的关系。个体的规范需要在特定情境下被激活，这就需要后果意识。如果个体意识到采取某种行为可能会对他人或环境产生积极影响，那么他们更有可能被内在的规范影响。同时，责任归属或责任否认也会影响规范激活的程度。如果个体认为自己有责任并能够影响特定行为的结果,那么他们更有可能会根据内在的规范来行动。然而,如果个体倾向于否认自己对特定行为结果的责任,那么他们可能会减弱规范激活的影响,因为这种否认可能减少了他们与行为结果之间的联系。在这种情况下,个体可能会在一定程度上忽视内在规范的影响,而更多地受到其他因素的影响,如外部压力、个人动机等。

总之,规范激活模型为我们理解个体参与利他行为的心理机制提供了一个有用的框架。通过考虑后果意识、责任归属以及责任否认等因素,我们可以更好地预测和解释人们选择采取何种行为的动机和过程。规范激活模型的关键概念如图 2.1 所示。

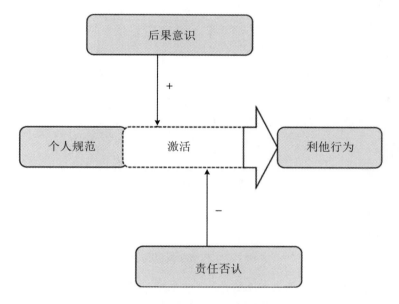

图 2.1　规范激活模型的关键概念

2. 利他决策模型

Schwartz 和 Howard(1981)在其研究中提出了一个名为"利他/决策模型"的框架,如图 2.2 所示。该模型用于解释个体在面临是否提供帮助行为时的决策过程。在这个模型中,注意阶段被分为三个关键步骤,即"需要""有效行动"和"能力"。以下对这些步骤进行详细解释:首先,在注意阶段的"需要"步骤,行为人会感知当前情境的特征,然后判断是否有人需要帮助。这一步骤涉及个体对周围环境的观察和情感共鸣,从而产生对是否应该采取行动的判断。其次,在"有效行动"步骤,行为人会在心理上筛选出适当的行动方案。这涉及对可能的行动方案进行考虑，以确定哪种行为最能够满足当前情境的需求。再次，在"能力"步骤，行为人会评估自己实施潜在行为的能力。这包括对自身技能、资源和条件的评估，以确定是否能够有效地提供帮助。需要强调的是，如果上述步骤未能被激活，可能会出现"规范退出"，即决策过程在个体形成明确规范之前就已经终止。

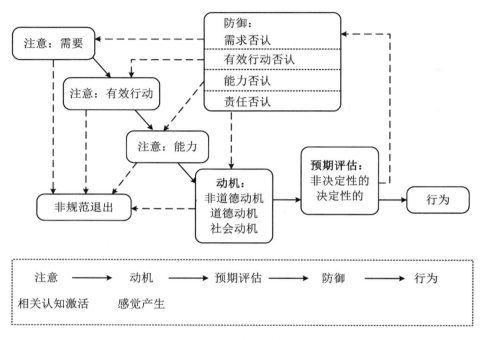

图 2.2　利他决策模型

当行为人意识到自己有足够的能力来实施潜在的帮助行为时，他们将考虑三种类型的动机，分别是：非道德动机、道德动机和社会动机。非道德动机涉及对采取行动所需的物质成本的权衡考虑。道德动机是通过个体内部的价值观、规范和道德准则来激发的。此外，个体所感知到的社会规范也会影响他们的决策，即社会动机。如果这三种动机都未能产生足够的动力，个体就可能出现"规范性退出"，即个体在面临是否提供帮助时缺乏足够的动机，从而选择不行动（Godin，Kok，1996）。在动机产生之后，个体将评估预期的成本和收益。根据这个评估，当道德考虑和成本效益考虑都推动着个体采取相同的帮助行为时，他们可以做出决定，而无需进行防御步骤。然而，如果道德评价与成本效益评价之间存在冲突，就需要进行权衡。在这种情况下，个体会启动防御步骤，以解决冲突。正如图 2.2 所示，防御步骤可以生成四种类型的否认，分别对应于注意阶段和动机阶段的每个步骤。通过产生否认,可以在一定程度上替代每个步骤的识别,从而减弱冲突。

利他决策模型提供了一个详细的框架,用于解释个体在是否提供帮助行为时的决策过程。通过在注意阶段和动机阶段的不同步骤中引入考虑和冲突,深入剖析了行为决策的复杂性,并为我们理解个体为何选择参与或放弃某项帮助行为提供了有益的视角。

3. 价值-信念-规范理论

Stern 等(1999)提出的价值-信念-规范(Values-Beliefs-Norms,VBN)理论,为我们深入理解人类行为决策提供了一个丰富的框架。这一理论试图解释个体在面临特定行为时是如何基于他们的价值观、信念和规范来做出决策的。如图 2.3 所示,这个框架将行为分为四大类型:行动主义、公共领域非激进行为、私人领域行为和组织中的行为。这些类型代表了个体在不同背景下、受到不同动机和规范影响时可能采取的不同行为。① 行动主义(Activism):行动主义是一种积极参与和推动社会变革或特定议题的行为。在环保背景下,行动主义可能表现为个体参与抗议、示威、签名活动,环保运动组织,环境保护政策制定等。这些个体通常持有强烈的环保价值观和信念,认为环境问题对社会和个人都具有重大影响,因此他们主动采取行动来推动环保议程。② 公共领域非激进行为(Public Non-Activism):这种类型的行为指的是个体在公共场合中采取的不需要激烈行动的环保举措。这可能包括在社交媒体上分享环保信息、参与环保活动的宣传、支持环保组织的活动等。虽然这种行为不如行动主义那样直接,但它仍体现了个体对环保议题的关注和支持。③ 私人领域行为(Private Sphere Behavior):这种类型的行为发生在个体的私人领域,通常与家庭生活和个人生活习惯有关。个体可能会在日常生活中采取环保行动,如减少能源消耗、垃圾分类、购买环保产品等。这些行为可能基于个体的环保信念和价值观,同时也可能受到社会规范和家庭影响的驱动。④ 组织中的行为(Organizational Behavior):这种类型的行为发生在个体参与的组织内部,可能是工作场所、社区组织、志愿者团体等。个体可能在组织内部推动环保倡议、提出环保政策建议、参与环保项目等。在组织环境中,个体的行为可能受到组织文化、领导者的影响,以及个体的内在价值观和规范的引导。

在 VBN 理论中,通常通过一系列先于行为执行的关键步骤来确定个体的行为,这些先行步骤分别是:① 个体价值观:这一步骤涉及个体对自身价值观的反思,即他们认为什么事物是重要的。这种个人价值观的塑造可能来源于生物圈价值、利他主义和自我主义。生物圈价值反映了对生态系统和环境的关注,利他主义关注社会责任和他人福祉,而自我主义则强调个人的利益和自我满足。② 生态世界观代表个体对于环境问题的信念和态度。这一因素在一定程度上影响着个体是否认为人类活动会对环境产生重要影响,从而影响他们对环保行动的看法。③ 行为后果意识(AC):在这一步骤中,个体评估自己的行为可能带来的后果。这涉及考虑采取行动会对环境或他人产生什么样的影响。④ 对威胁的感知能力(AR):个体对威胁的敏感程度在决策中起着重要作用,尤其是与环境问题相关的威胁。这一步骤涉及个体是否意识到环境问题的严重性和紧迫性。⑤ 采取环保行动中的义务意识:义务意识在 VBN 理论中表现为个体对于环保行动的内在责任感和使命感。这种内在责任感可能源于个体对生态系统的价值、对环境问题的信念以及社会规范的遵从。当个体感受到这种内在义务感时,他们更有可能采取环保行动,因为他们认为这是一种对社会和环境负责的行为。

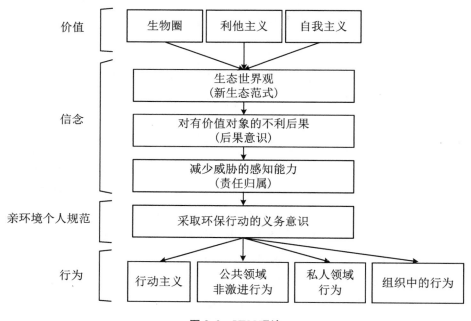

图 2.3　VBN 理论

这些步骤相互交织,最终共同激活个人规范。个人规范是基于个体的价值观、NEP、AC、AR 和义务意识的激活而形成的。当个人规范被充分激活时,它会影响个体在四类行为中的表现,这些行为类型基于个体对环境和社会的关注以及对行为后果的认知。个体的价值观和信念塑造了他们如何看待自己在这些行为中的角色,从而影响他们是否愿意采取行动。总之,VBN 理论为我们提供了一个全面的视角,帮助我们更好地理解人类行为决策的心理过程。通过将价值观、信念和规范联系在一起,该理论揭示了人们行为决策的多维度性质,以及如何在环保等议题上进行决策。

2.1.2 理性行为理论

1. 理性行为理论

理性行为理论(Theory of Reasoned Action,TRA)模型是一种经典的心理学框架,用于解释人类行为决策的过程,如图 2.4 所示。TRA 模型的核心思想在于,个体的行为基于其意愿的决定,而个体对特定行为是否愿意去做,取决于他们的态度和主观规范。态度指个体对于特定行为的看法,而主观规范涉及个体周围社会环境对于该行为的期望。在 TRA 模型中,这两个因素相互作用,最终决定了个体是否愿意采取行动。

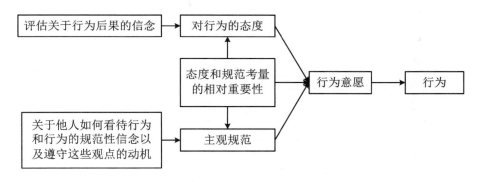

图 2.4 理性行为理论模型

学者们在这一模型的基础上进行了广泛的研究(Cialdini et al.,1981)。虽然该模型在解释绿色行为方面具有一定的适用性,但在涵盖其他影响因素方面可能存在一些局限性。例如,尽管个体可能具备实施某项行为的意愿和动机,但他们也可能因为缺乏金钱、知识、时间或能力等资源而无法实施该行为。这意味着,即使个体内部的意愿存在,外部环境因素也可能会阻碍行为的实际执行。举例来说,某一个体可能非常愿意购买环保产品,但由于产品价格昂贵,他们可能无法负担得起。同样地,即使个体认为减少能源消耗是重要的,但如果他们缺乏相关知识或技能来实施节能行为,那么也可能无法达到目标。因此,TRA 模型在这种情况下的适用性可能会受到限制,因为它没有充分考虑到这些外部实际因素。

综上所述,虽然理性行为理论模型在解释绿色行为方面有一定的价值,但在涵盖行为执行的外部情境因素时存在一些局限性。人类行为决策的复杂性要求我们在研究行为时应综合考虑内部意愿和外部限制。因此，为了更全面地解释和预测人类行为，可以将 TRA 模型与其他理论和模型相结合使用。

2. 计划行为理论

计划行为理论(Theory of Planned Behavior，TPB)是一种广泛应用于行为决策研究的框架，旨在更全面地解释人类行为的动因。TPB 模型在图 2.5 中展示了其核心组成部分。在原有的 TRA 的基础上，TPB 引入了感知行为控制(Perceived Behavioral Control，PBC)作为一个重要变量，以弥补 TRA 在解释行为执行方面的不足。PBC 反映了个体对于自己实施特定行为能力的感知，它涵盖了多个方面，包括个体的知识、技能、负担能力、时间可用性等。这些因素共同构成个体对于实施某项行为的信心和能力。与 PBC 类似的概念是"自我效能"，它描述了个体对于自己能够完成特定行为的信念。自我效能是心理学家阿尔伯特·班德拉(Albert Bandura)提出的概念，他认为个体的信念和期望会影响他们的行为选择和表现。

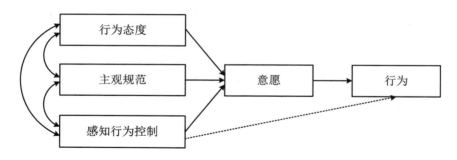

图 2.5 计划行为理论模型

研究人员 Godin 和 Kok(1996)对 58 项与健康相关的行为研究进行回顾，发现 TPB 模型在拟合实际数据方面效果良好。Hansen 等(2004)的研究比较了 TRA 和 TPB 模型，结果显示 TPB 模型的拟合效果优于 TRA 模型。Madden 等(1992)比较了 TRA 和 TPB 在十种行为(如"定期锻炼")中的拟合效果。研究发现，TPB 模型相对于 TRA 模型能够更好地解释行为差异，尤其对于那些难以控制的行为，比如"睡个好觉"。在 TPB 的应用中，Davies 等(2002)进行了一项元分析，综合了多个应用 TPB 的研究。这些研究展示了 TPB 的适用性和价值，进一步支持了 TPB 在行为决策研究中的重要性。综上所述，TPB 模型通过引入 PBC 这一变量，强化了对行为决策的解释，尤其是在涉及行为执行方面的解释。通过考虑个体的意愿、信念、能力等因素,TPB 为解释行为选择提供了更具实际意义和预测力的模型。

2.1.3　依恋理论

在环境心理学和环境管理学领域,对于"地方"的研究引起了研究者的广泛兴趣。这种兴趣部分源于环境问题的严重性,因为环境问题正被视为对个人和社会极其重要的"地方"造成威胁(Song et al.,2019)。在休闲和旅游研究背景下,"地方"通常指的是旅游地,它是承载游客体验的重要场所(Kim,Koo,2020),同时也为旅游地居民与游客之间的社会互动和心理互动提供了背景。在这一领域中,许多学者强调了地方依恋的重要性,认为这是旅游休闲研究中一个不容忽视的概念(Li et al.,2021;Daryanto,Song,2021)。地方依恋概念源于依恋理论(Bowlby,1975;Fornara et al.,2020),它在心理学文献中被定义为个体与环境之间情感纽带的体现(Junot et al.,2018)。这一理论最初起源于婴幼儿对母亲形成依恋的观察,因此在生物学上具有根深蒂固的基础(Ramkissoon et al.,2012)。个体早期从亲子关系中获得的经验,塑造了他们对自我的认知和对他人的期望(Mennen,O'Keefe,2005)。这些心理表征有助于解释个体对社会刺激的反应,并会影响他们终身的人际关系期望和行为。

在过去的数年中,依恋理论的研究逐渐拓展到各种社会环境和人际关系中(Peng et al.,2020),包括邻里关系(Casakin et al.,2021)和旅游地(Chen,Dwyer,2018)。环境心理学家常常用地方依恋来描述个体与地方之间的情感联系,这是一个多维度的概念(Kim et al.,2017),起源于心理、社会和文化等多个层面的交互作用(Ramkissoon et al.,2012),涵盖了与地方相关的情感、知识、信仰以及个体与地方之间的情感纽带。

个体对于地方的依恋为研究人员提供了一个探究人类行为的机会(Wan et al.,2021;Hesari et al.,2020)。来自社会和环境心理学领域的研究者们深入调查了地方依恋对于绿色行为的影响(Junot et al.,2018;Chen,Dwyer,2018)。研究结果表明,地方依恋在解释多种环境和背景下的绿色行为方面具有潜在的重要性。当个体对某一特定地方产生依恋时,更有可能产生绿色行为。Song 和 Soopramanien(2019)认为,对特定地方的情感纽带将增加个体产生地方保护行为的可能性,并进一步培养他们对这一地方的承诺感和责任感。

在本书第 3 章中,作者在前人研究的基础上,提出地方依恋是一个复杂的概念,包括地方依赖和地方认同这两个核心维度(Kim et al.,2017)。地方依赖指个体对地方资源在提供所需便利设施方面的重要性的感知。这种依赖不仅涉及情感层面,还包括个体对特定地方功能的实际需求。举例来说,一个人可能因为附近的公园提供了方便的健身设施,而选择在那里锻炼。地方依赖强调了地方作为实际生活场所的关键作用,同时揭示了地方与个体日常活动的紧密联系。与此同时,地方认同强调个体如何将自己与外部环境联系起来,以及他们对所在地的情感体验。地方认同不仅涉及地理位置,还涵盖了个体对于地方的情感体验和情感共鸣。个体通过地方认同来建构自己与所处环境之间的关系,并在这种关系中找到自己在社会和文化中的定位。例如,一个人可能因为在某个城市长大,故而对该城市有深厚的情感,将其视为身份认同的一部分。地方认同体现了情感、文化和社会交往的综合作用,强调了地方对于个体认同建构的重要性。这两个维度的交织共同构成了地方依恋的多维概念,凸显了个体与环境之间错综复杂的关系。地方依赖和地方认同相互影响,塑造了个体对特定地方的态度和情感。

2.1.4 SOR 理论

刺激-有机体-反应(Stimulus Organism Response,SOR)模型是心理学中的一种基本框架,用于解释人类和动物对于外部刺激的感知和反应。SOR 模型的应用领域广泛,包括心理学、神经科学、生理学以及教育学等,这一模型描述了刺激是如何通过影响有机体而引起特定的生理和心理反应的。SOR 模型强调了外部刺激、有机体和反应之间的相互作用。具体来说,外部刺激(Stimulus)是指外部环境中的任何影响或信息,它可以是物理性的、生理性的或心理性的。刺激可以是视觉、听觉、触觉、嗅觉、味觉等各种感觉形式,也可以是来自社会环境、情感、认知等方面的刺激。有机体(Organism)是指受到刺激影响的生物体,可以是人类、动物或其他有机体。有机体的特点包括其生理状态、心理状态、个体差异等,这些特点将影响有机体对刺激的感知和反应。反应(Response)是有机体对刺激的生理和心理变化。这些变化可以是自主神经系统的激活、情感体验、认知过程、行为表现等。反应是有机体对刺激做出的具体响应,反应的性质取决于刺激的性质和有机体的特点。

此外,SOR 模型强调了这三个元素之间的相互关系和作用:① 刺激-有机体关系:不同类型的刺激将引起有机体不同的生理和心理反应。有机体对刺激的感知和解释受到其自身的生理和心理特点的影响。例如,同样的刺激对于不同个体可能引起不同的反应,因为每个人的感知和解释方式都有所不同。② 有机体-反应关系:有机体对于刺激的反应会受到其自身的生理和心理状态的影响。例如,一个人的情绪状态、健康状况、经验背景等都会影响他们对刺激的反应。同样的刺激在不同时间或不同状态下可能引起不同的反应。③ 刺激-反应关系:特定类型的刺激可能会引起特定类型的反应。一些刺激可能会引发强烈的情感反应,而另一些刺激可能会导致认知上的处理或特定行为的表现。

2.1.5 成本信号理论

成本信号理论(Costly Signaling Theory)是一种重要的社会心理学理论,它为解释为何个体在某些情况下会采取代价高昂的行为提供了深刻的洞察。尤其是在那些看似对个体自身利益没有明显好处的情况下,这一理论提供了一种更深层次的解释。成本信号理论最初由生物学家阿莫茨·扎哈维(Amotz Zahavi)在 20 世纪 70 年代提出,起初用于解释动物行为中的一些看似矛盾之处。随后,这一理论被引申至人类社会行为领域,尤其是在社会信号传递和社会地位方面得到广泛应用。

成本信号理论的核心观点是,个体通过采取代价高昂的行为向其他个体传递信号,以显示自己具备足够的资源、能力或意愿来承担这些代价。这些高昂代价的行为因此成为一种信号,表明个体在其他方面也拥有优势,从而能够吸引注意、赢得尊重、获得社会地位或建立声誉。

在动物界,经典的例子之一就是雄性孔雀展示华丽的尾羽。尽管这些尾羽实际上并不起作用,但它们的存在传达出孔雀具备足够的资源和生存能力,能够承担在危险环境中生存所需的代价。同样,在人类社会中,成本信号理论可以解释诸多行为,如慈善捐赠、环境保护、公益活动等。个体可能会出于提升自身社会地位或声誉的目的,采取一些昂贵的行动,这些行动反映出他们愿意为支持社会利益付出代价。例如,一位富有的企业家大量捐赠资金用于环境保护项目,不仅表明他的财力雄厚,同时还提升了他在社会中的地位和声誉。

在人类社会中,成本信号理论具有广泛的适用性。它可以解释为什么人们会参与一些看似对个体利益不明显的行为,例如义工活动、社会责任项目等。这些行为不仅表明个体愿意承担代价,还传递出他们拥有足够的能力和资源,具备推动社会积极变革的动力。

2.2　绿色行为影响因素研究

在已有研究文献的基础上，我们对于影响个体实施绿色行为的因素进行了综合分析。表2.1列出了影响实施或不实施目标绿色行为的相关因素，接下来将详细阐释表中各因素的定义和特征。这些因素对于理解个体绿色行为的动机和决策过程具有重要意义。

表2.1　实施或不实施目标绿色行为的原因

因　素	实　施　原　因	不　实　施　原　因
规范	这是规则 这是别人所期待的 这是别人在做的 这是道德的	这不是规则 这不是别人所期待的 没有人这么做 这是不道德的
态度	这是环保的 这一行为是必要的 这是良好的行为	这是不环保的 这一行为不是必要的 这是不好的行为
情感	这看起来很棒 我喜欢	这并不酷 我不喜欢
成本和收益	节省金钱 这是有利的 节约时间 这不麻烦	耗费金钱 这是没有好处的 很耗费时间 这很麻烦
知识	我知道这种行为的意义 我知道相关程序和流程 我知道这一行为的后果	我不知道这种行为的意义 我不知道相关程序和流程 我不知道这一行为的后果
能力	很容易去实施	很困难去实施
习惯	这是一个习惯	可以被忽略
机会	有很多实施的机会	没有机会实施

2.2.1　心理因素

1. 规范

"规范"被认为是影响个体行为的重要因素之一。在词典中,规范被基本定义为:

① "公认的标准或做事方式"(《剑桥学术内容词典》)。

② "在一个社会、社区或团体中被普遍接受的行为标准"(《牛津心理学词典(第 3 版)》)。

③ "约定俗成或明文规定的标准"(《现代汉语词典(第 7 版)》)。

规范的影响贯穿我们的社会生活,分为两个主要层面:社会规范和个人规范(见图 2.6)。当个体逐渐吸收并内化了社会规范时,个人规范便逐步形成。这种内化过程有时会进一步演变成道德规范,即个体对于特定行为是正确还是错误的感知。

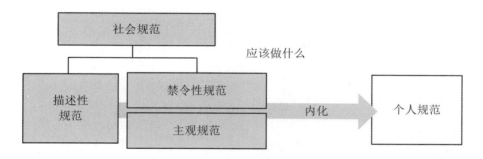

图 2.6　规范的分类

道德规范作为个人规范的一种内化形式,是我们行为判断的重要依据。它们是个体在社会互动中形成的,涵盖了价值观、伦理原则以及社会义务。这些规范不仅仅是抽象的概念,还是我们日常决策的指引,帮助我们在面对各种情境时做出适当的选择。

有一些行为模型认为,个人规范在决定个体与环境互动行为时发挥着重要作用。个人规范可以在多个层面上影响行为,从个体的社会关系和责任感,到他们对于公平、正义以及他人福祉的关注。这些规范可以在特定环境中调整,也可以受到文化、价值观和个人经历的影响。

社会规范的定义虽然存在一定的变化,但通常可以理解为一个群体或社会共有的行为标准。根据 Truelove 等(2016)的研究,社会规范可以分为"应该做什么"(禁令性)和"什么应该做"(描述性)两种类型。Gibbs(1965)将规范划分为"集体评估(与个体行为方式有关)"和"集体期望(与个体行为预测有关)"。而根据 Lee 等(2013)的研究,"禁令性社会规范"是指他人认为适当行为的看法,换句话说,它指的是"关于道德上认可和不认可的行为的规则或信念"(Truelove et al.,2016)。与此同时,"描述性规范"通常与遵循他人行为有关。Truelove 等(2016)在研究中指出,"被认可的往往是典型行为,可能与禁令性规范有关,也可能与描述性规范相关,因此很容易混淆这两种规范的含义"。从本质上来看,禁令性规范往往伴随着制裁(见图 2.7)。

图 2.7 禁令性规范与描述性规范的比较

Cialdini 等(1990)对主观规范进行了研究,并将其定义为"对他人期望的感知"。他认为,这一概念在计划行为理论(TPB)中的主观规范和社会规范方法(SNA)中的描述性和禁令性规范之间存在区别。然而,也有研究将 TPB 的主观规范归因于 SNA 的禁令性规范(Cialdini,2007)。基于这些研究,Thøgersen(2006)建议在测量社会规范时,除了主观规范问题外,还应该包括描述性规范问题,以帮助理解这两种不同社会规范对行为的影响。

综合而言,社会规范是一个引导个体行为的重要因素,涵盖了禁令性和描述性规范。禁令性规范指的是他人认为适当或不适当的行为信念,而描述性规范涉及个体对他人行为的模仿。这两种规范的区别在于禁令性规范往往与制裁相伴随。此外,主观规范在不同理论中有不同的解释,但它们都强调了个体对他人期望的感知。在研究和实践中,深入理解这些规范的作用有助于更好地理解人们行为的动机和社会互动的复杂性。

2. 态度

"态度"是可以解释包括绿色行为在内的各种行为的一大重要因素。态度研究的历史可以追溯到 20 世纪初。路易斯·列昂·瑟斯顿(Louis Leon Thurstone,1887—1995)在 20 世纪 20 年代末提出测量态度的量表(Park,Smith,2007)。20 世纪 30 年代,以研究人格与偏见而闻名的戈登·威拉德·奥尔波特(Gordon Willard Allport,1897—1967)也对态度进行了多项研究。

在心理学领域,态度是个体对特定对象、概念或情境的评价和情感反应。早期研究者在探索态度的构成和性质方面作出了重要贡献。其中,Thurstone(1928)以及 Vernon 和 Allport(1931)等的研究对于理解态度的多维性和构成元素提供了深入的洞察。爱德华·斯普朗格(Eduard Spranger,1882—1963)最初提出了六种态度,这些态度代表了个体对不同方面的评价和情感反应。这些态度包括:① 对理论或发现真相的兴趣:表示个体对知识、学术探索和真相的追求;② 经济收益:表示个体对物质财富、金钱和经济利益的重视;③ 审美兴趣:表示个体对美学价值、形式和和谐的情感和兴趣;④ 对社会的兴趣或热爱:表示个体对社会互动、社会责任和人际关系的关注;⑤ 政权或权力利益:表示个体对权力、影响力和控制的重视;⑥ 对整个宇宙的信仰或渴望:表示个体对宇宙、生命的意义以及存在的信仰和思考。

Thurstone(1928)对这些态度进行了检验,为后来的态度研究奠定了基础。在这之后,Vernon 和 Allport(1931)提出了 ABC(三方)模型,这是一种系统性的态度理论,它将态度分解为情感(A)、行为(B)和认知(C)三个方面。

① 情感(A):这个方面涉及个体对对象的情感反应,即个体对特定对象的喜好或厌恶。情感成分在态度中具有重要的情感价值判断,帮助个体确定对象的好坏。② 行为(B):行为方面表示个体对特定对象的行为倾向,即个体愿意如何行动或反应。这个方面反映了态度的意愿和行为导向。③ 认知(C):认知方面涉及个体对对象的信念和知识。这包括个体对对象属性和特征的看法,以及对对象的信息处理和理解。

Duffy(1940)进一步解释了这一 ABC 模型,指出情感成分实质上是态度中的评价成分，它帮助个体判断对象是好是坏。行为代表态度中的一种意愿成分，即个体在特定情境中愿意如何行动。而认知则基本上是对态度的信念和看法，它涉及个体对对象的了解和认知。ABC 模型已被广泛用于研究中，有助于深入理解态度的复杂性以及个体对不同对象的感知和反应。通过将态度分解为情感、行为和认知三个方面，研究者能够更好地探索态度的内在结构以及它们在行为决策中的作用。这些研究不仅为心理学理论提供了丰富的内容，还在社会和行为科学领域中具有广泛的应用。

Fishbein 和 Ajzen 对态度进行了定义，并指出态度的三个重要特征：一致性、易感性和习得性（Cialdini et al.，1981）。Rajecki（1982）将环境态度（Environmental Attitude，EA）定义为"个体对环境或特定行为方面的感觉，如赞成或反对，有利或不利等"。环境态度可以分为两个层次：一般环境态度和对绿色行为的态度。前者通常被认为是环境关切，它代表行为者对环境问题的关注。后者则指行为者对特定目标绿色行为的态度。Fishbein 和 Ajzen（1977）进行的元分析显示，环境态度是影响绿色行为的重要决定因素之一。然而，一些学者也指出，态度与行为之间仍存在差距。Hines 等（1987）指出了影响环境态度与环保行动之间关系的三大障碍，即个性、责任和实践性，如图 2.8 所示。

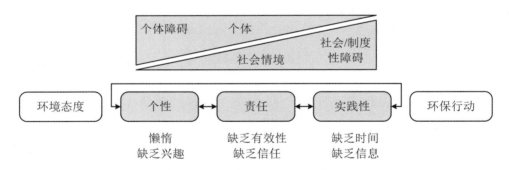

图 2.8　环境态度和环保行动间的障碍

这些研究为我们更深入地理解态度的复杂性以及其与行为之间的联系提供了有益的见解。Fishbein 和 Ajzen 的态度定义强调了态度的内部一致性、易感性以及通过习得形成的特点。Rajecki 则将环境态度划分为一般环境态度和绿色行为态度，进一步明确了环境态度的层次和组成。同时，这些研究也表明了环境态度对绿色行为的影响力，为绿色行为的促进提供了重要的线索。然而，Hines 等的工作也强调了态度和行为之间的差距。个性、责任和实践性等因素可能会影响个体从持有态度到实际行动的转化过程。

3. 情感

情感在心理学中被定义为主观体验的感觉，如快乐、悲伤、恐惧或愤怒(《牛津心理学词典(第 3 版)》)。Blake(1999)认为情感是一种内在的感觉状态。许多研究将情感作为态度的重要组成部分，例如，Fishbein 和 Ajzen(1975)在其研究中指出情感是态度中最重要的部分(Cialdini et al.，1981)。而 Duffy(1940)则将情感选择作为态度和 ABC 态度模型的三个基本组成部分之一(Bamberg，Möser，2007)。然而，Cohen(1990)则提出将情感与态度分开。

情感对行为的影响研究主要集中在消费者行为领域。例如，在汽车拥有和使用方面，Steg(2005)指出："情感动机是指驾驶汽车所引起的情绪，即驾驶可能会对个体情绪产生影响，并且个体在做出出行选择时可能会预测到这些情绪"。他采用了 Russell 和 Lanius(1984)所提的两个情感方面："愉悦"和"振奋人心"(见图 2.9)。研究结论表明，汽车的使用主要源于象征性和情感性动机，而非仅仅是工具性动机。

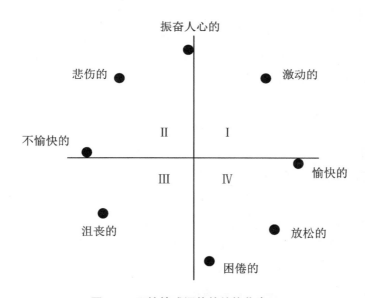

图 2.9　环境情感评估的结构化表示

这种情感与行为之间的关系在解释个体的行为决策时具有重要作用。情感作为内在的情绪状态，可以显著影响人们的决策和行为。例如，个体可能会选择驾驶某种类型的汽车，因为这会引发愉悦和振奋的情感，从而增强驾驶体验。这种情感动机在消费者行为中的广泛应用也强调了情感在塑造人们对某种行为的态度和行为选择方面的重要性。

总的来说，情感作为态度的一个重要构成部分，以及情感对行为的影响，为我们深入了解人类行为的动机和决策提供了深刻的理解。通过将情感因素纳入考虑，我们能够更准确地解释为什么人们会采取特定的行为，特别是在涉及情感体验的行为领域，如消费行为和绿色行为等。

4. 认知失调

Festinger(1962)指出态度与行为间差异的存在会让个体产生不舒适感，因此个体倾向于避免态度、信念和行为上的不一致（即失调）。在社会心理学中，认知失调理论是一种经典的理论，用于解释个体如何处理态度、信念和行为之间的不一致。这一理论最早由 Festinger 提出，并强调个体倾向于避免在自己的认知结构中存在不一致，因为这种不一致会引发不舒适感。为了消除这种不舒适感，个体会采取各种行为来重新调整他们的认知，以使其保持一致。

具体到绿色行为领域，Thøgersen(2004)的研究进一步支持了认知失调理论的应用。他的研究发现，从一个绿色行为到另一个绿色行为存在着一种溢出效应，而这种效应可以通过认知失调来解释。这意味着个体在实施某种绿色行为后，他们的态度、信念和行为会趋于保持一致，以减少不一致造成的心理不适。这种一致性的追求会引导个体更倾向于采取其他绿色行为，以达到认知和行为的一致性。举例来说，如果一个人持有环保的态度，并在购物时选择购买环保产品，那么他们会更有可能在其他情境中也选择采取绿色行为，比如减少能源消耗、进行垃圾分类等。这种行为之间的连锁反应可以部分归因于认知失调理论的作用。个体不希望自己的态度和行为之间存在不一致，因此他们会通过采取其他绿色行为来减少不一致感。

这种认知失调理论在解释绿色行为中的应用，为我们理解人类在环保意识和行为之间如何进行平衡提供了重要线索。通过认知失调的作用，个体在实施某项绿色行为之后，更有可能采取其他类似的行为，以维持他们的认知一致性。这种理论的应用帮助我们更好地理解绿色行为的驱动力和变化，从而为环境教育、干预和政策制定提供更深入的洞察。

2.2.2 成本与收益因素

1. 货币成本

货币成本在影响绿色行为方面扮演着重要的角色。Festinger(1962)在其理论中强调，实施或不实施绿色行为的主要原因之一是货币成本。正如表 2.2

所示,货币成本在绿色行为中具有促进和阻碍的双重作用。当个体能够通过实施绿色行为来降低金钱成本时,货币成本可以起到促进作用。在这种情况下,个体更有可能采取绿色行为,因为这不仅符合他们的价值观,还能够在经济上受益。这一观点得到了 Thøgersen(2004)的研究支持。Thøgersen 的研究发现,成本节约起到促进作用的一个例子是:引入一次性购物袋收费系统显著减少了废弃物产生。这一措施迫使消费者为购物袋付费,从而激发人们减少塑料袋的使用,以避免额外的货币支出。

表 2.2　货币成本对绿色行为的影响

作　用	情　　况	示　　例
阻碍作用	目标绿色行为需要货币成本	环保产品往往比其他产品更昂贵
促进作用	目标绿色行为可节约货币成本	节约自来水可以降低生活成本

然而,与此同时,个体通常会避免实施耗费大量货币成本的绿色行为。当个体认为实施某种绿色行为需要投入大量的货币成本时,他们可能会犹豫,甚至放弃这种行为。在这种情况下,货币成本会成为一种阻碍因素,反而降低了个体采取绿色行为的意愿。例如,购买价格较高的环保产品可能会让一些人望而却步,因为他们认为货币成本太高,不值得为之付出。

综上所述,货币成本在绿色行为的决策中扮演着关键角色。尽管在某些情况下它可能成为阻碍因素,但在其他情况下,它也可以成为促进绿色行为的动力。个体在权衡绿色行为的成本和效益时,会考虑到货币成本对其财务状况的影响。因此,设计能够减少绿色行为的货币成本,或者提供其他激励机制,可能会在促进更多人参与绿色行为方面发挥重要作用。通过理解货币成本的影响,可以更好地制定策略,从而在个体和社会层面推动可持续的绿色行为。

2. 时间和精力

除了金钱成本,时间和精力成本也是影响个体绿色行为的重要因素。在决定是否采取特定的绿色行为时,个体需要考虑所需的时间和精力投入,这些成本也会影响他们的行为选择。Festinger(1962)在其研究中强调了"令人讨厌的"和"不方便的"成本,这些成本可能会减少个体采取绿色行为的意愿。例如,他提到了将使用过的食用油排放至下水道的行为。这种行为之所以较少见,因为它被认为是"令人讨厌的"和"不方便的",与其他更便捷的处理方法相比显得不够便利。这暗示了实施某些绿色行为可能需要投入更多的时间和精力,从而影响个体的决策。

在现实生活中,个体可能会因为担心绿色行为会占用他们的时间,或者觉得这些行为过于繁琐而放弃实施。例如,进行回收分类需要将废品分类、清洗,然后送至指定地点,这些步骤可能会消耗一定的时间和精力。同样,购买环保产品可能需要个体花费更多时间去了解产品信息、比较不同选项等。这些额外的时间和精力成本可能会降低个体采取这些行为的积极性。然而,值得注意的是,时间和精力成本并不是固定的,而是可以通过改变个体的行为习惯、提供便捷的选择以及优化环境来减少的。例如,社区可以设置便捷的回收站点,使回收变得更加方便,从而降低个体的时间和精力成本。此外,提供清晰的绿色行为指南和信息,可以帮助个体更有效地进行绿色行为,减少实施行为所需的时间和精力。

综上所述,除了金钱成本外,时间和精力成本也在影响个体的绿色行为中扮演着重要角色。个体在决定是否实施亲环境行为时,会权衡行为所需的时间、精力和其他成本。因此,为了促进更多人参与绿色行为,降低时间和精力成本同样是一个重要的考虑因素。通过理解这些成本的影响,可以更好地设计策略和措施,以促进更广泛的绿色行为。

2.2.3　知识因素

Kaiser 和 Fuhrer(2003)认为"知识"是实施绿色行为的必要条件。在没有足够认知的情况下,个体将很难采取特定的环保行为。然而,即使个体对某一目标行为有了充分了解,他们也并不总会实施该行为。两位学者将环境知识分为四类:① 陈述性知识;② 程序性知识(与行动相关的);③ 有效性知识;④ 社会知识。

陈述性知识可以被定义为:对现实世界中的事实和信息的了解和理解(《牛津心理学词典(第 3 版)》)。这种知识涉及环境现象或行为的基本概念,例如理解什么是臭氧消耗现象。而程序性知识涉及如何实际进行某种行为,这对于个体实施行动至关重要。陈述性和程序性知识常常相互联系,构成了对特定行为的全面认知(Kurisu,Bortoleto,2011)。对于回收行为而言,程序性知识意味着个体需要知道分类箱的放置位置和分类方式,才能正确地进行回收。在引入回收政策后,提供明确的程序信息能够促进个体的回收行为。

有效性知识则涉及目标行为的结果和影响。个体常常希望了解实施某种行为会带来哪些效果,例如通过特定行为能够节省多少能源或减少多少温室气体排放。了解行为的有效性可以增强个体实施该行为的意愿。有效性知识可能与心理变量相关,如 Schwartz 提出的规范激活模型中的"结果意识(AC)",以及 Fishbein 和 Ajzen 提出的 TRA 模型中的"行为的后果信念"。

综上所述,知识在个体实施绿色行为的过程中起着重要的作用。它包括了陈述性知识、程序性知识、有效性知识以及社会知识等多个方面。理解这些知识类型如何影响行为决策,有助于设计更有效的教育和宣传策略,以促进更多人参与绿色行为。

2.2.4　人格特质因素

1. 对环境态度的影响

Borden 和 Francis(1978)的研究聚焦于人格特质对 EA 的影响。他们将与环境有关的个体描述为具有一系列特定的人格特质,这些特质与环保意识和环境态度之间存在关联。具体来说,他们将这些人格特质描述为以下几个方面:

① 高度个人控制力:这意味着个体相信他们自己对环境和行为的影响有很强的控制力。这种信念可能促使个体更愿意采取积极的绿色行为,因为他们相信自己的行动可以产生影响。

② 较高水平的未来远见:这表示个体具有长远的视野,能够看到环境问题的长期影响。这种远见可能导致个体更关注可持续性和未来世代的福祉。

③ 较高程度的责任心:个体认为自己对环境问题负有责任,可能会促使他们采取积极的绿色行动,以履行自己的责任。

④ 较低水平的专制主义和新教伦理:这意味着个体不太倾向于支持集中的权力结构,可能更支持基于价值观和伦理的环保行动。

⑤ 较低水平的通才主义(而不是作为事物专家):这表示个体可能更关注普遍的环境问题,而不是深入特定领域的专业知识。

⑥ 较低水平的双性恋(而不是具有传统性取向):这可能表示个体对于性别平等和多元性别观念持开放态度,与环境意识和社会进步观念相符合。

Liere 和 Dunlap(1980)的研究进一步强调了自由主义是影响环境态度的人格特质之一。自由主义倾向于关注个人自由、社会平等和环境问题,这些价值观可能与积极的环境态度相关联。自由主义者可能更倾向于支持环保政策和采取绿色行为,因为这与他们的价值观相契合。

综合来看,个体的人格特质可以对其环境态度和绿色行为产生影响。这些特质包括个人控制力、未来远见、责任心、价值观和伦理观念等,以及自由主义倾向。这些研究为我们理解人格与环保意识之间的关系提供了深入的洞察。

2. 对绿色行为的影响

研究表明,人格特质在影响绿色行为方面起着重要作用。Arbuthnot(1977)的研究评估了影响回收行为的因素,发现回收者在保守主义指标上得分较低,缺乏个人控制因素。这意味着回收者更倾向于自由和依赖于个人对事件的控制能力。类似的,Scott 和 Willtis(1994)的研究也发现自由主义者更可能实施绿色行为。这表明个体的政治取向和人格特质与他们的绿色行为之间存在关联。

需要注意的是,影响绿色行为的人格特质可能随着时代的变化而变化。在环保活动尚未普及时,自由主义者可能更倾向于实施绿色行为,因为他们对环境问题更加关注。然而,随着环境问题的普及和认知,更多的人可能开始认识到环境保护的重要性,使得人格特质不再是唯一的影响因素。这意味着绿色行为可能不再局限于特定的人格类型,而是受到更广泛的社会影响。

另一个影响绿色行为的人格特质是"控制观"(Locus of Control),这一概念最初由 Rotter(1966)提出。控制观衡量个体认为结果取决于自身行动程度的人格特质。它具有两极性,分为外部控制和内部控制。外部控制的人认为事件受外部力量控制,如命运或神,而内部控制的人认为事件受自己行为的影响。研究显示,控制观是影响绿色行为的重要因素之一。Rajecki(1982)的研究发现,控制观与个体的绿色行为意愿相关。内部控制的个体更可能认为他们的行为可以影响环境,从而更可能实施绿色行为。

综上所述,人格特质在影响绿色行为方面扮演着重要角色。虽然自由主义和控制观等特质可能对绿色行为产生影响,但社会和环境的变化也会影响人们对绿色行为的态度和行为。因此,人格特质不是唯一的决定因素,它们与其他社会因素相互作用,共同塑造个体的绿色行为。

2.3 旅游地居民绿色行为影响因素研究

推动旅游地居民积极参与绿色行为是解决旅游地环境问题、实现旅游地可持续发展的重要举措。目前旅游地居民绿色行为研究主要理论模型有:规范激活模型、价值-信念-规范模型、理性行为理论、计划行为理论、态度-行为-情境理论、刺激-有机体-反应理论、地方依恋理论、新环境范式等,涉及心理和社会学理论背景。影响因素的挖掘和分析是旅游地居民绿色行为研究的重点,主要划分为心理因素、情境因素和人口统计因素三大方面。旅游地居民绿色行为的术语在文献中有多种表述,如环境保护行为、环境生态行为、环境行为、生态环境行为、亲环境行为、环境责任行为等。本书统一使用绿色行为这一术语。

1. 心理因素与旅游地居民绿色行为关系研究

心理因素主要包括环境态度、环境知识、环境意识、环境关切、环境后果认知、心理所有权、公平感、社会责任感知、社区满意度、旅游影响感知(正向影响和负向影响)、环境认同、环境承诺、环保动机、地方依恋和自然联结等。Zhang 等(2014)及张玉玲等(2014)的研究验证环境后果认知是影响旅游地居民实施绿色行为的重要原因。范香花等(2016)将环境态度分为环境信念和环境敏感两个维度,发现两者均对旅游地居民绿色行为产生显著正向影响。Su 等(2018)基于利益相关者理论和社会交换理论,探究旅游地社会责任、旅游影响感知和整体社区满意度对旅游地居民绿色行为的直接和间接影响。Wang 等(2020)探究环境认同和环境承诺对旅游地居民绿色行为的影响。Wang 等(2021)基于刺激-有机体-反应框架构建旅游地居民绿色行为的形成机制模型,探究环保热情、环境承诺和感知环境责任对旅游地居民绿色行为的驱动效应。Liu 等(2021)根据公平理论,探究居民公平感和心理所有权对旅游地居民绿色行为的预测作用。

2. 情境因素与旅游地居民绿色行为关系研究

情境因素主要包括旅游地环境质量、生态声誉、社区参与、生计可持续、自然灾害等。Su 等(2019)构建包含旅游地环境质量和生态友好声誉的综合模型,以理解旅游地居民绿色行为和环境牺牲意愿。社区参与被认为是保护生态环境和改善旅游地人民生活的有效措施(Safshekan et al.,2020;Zhang et al.,

2020)。Safshekan 等(2020)探究社区参与在旅游地居民绿色行为中的贡献,以促进旅游地的可持续发展。Zhang 等(2020)主要探讨社区参与和居民生产及绿色行为之间的关系,结果表明社区参与是绿色行为最有力的预测因子。Masud 等(2014)从社会经济条件和社区可持续性两个方面探究社区的可持续生计和环境问题,揭示居民社区福祉对绿色行为和态度的影响。张玉玲等(2014)探讨文化与自然灾害对居民保护旅游地绿色行为影响的机理,结果表明地方文化与环境状况等对旅游地居民绿色行为具有显著影响。

3. 人口统计因素与旅游地居民绿色行为关系研究

人口统计因素主要包括性别、年龄、收入、受教育程度、居住年限等。Buta 等(2013)的研究结果表明居住年限、性别和文化程度对环境保护自我责任归属和绿色行为具有正向贡献。Masud 和 Kari(2015)探讨人口及社会经济因素对社区居民绿色行为及态度的影响,结果显示人口统计学变量如年龄、性别,社会经济因素如收入、教育和职业等均对绿色行为及态度有显著正向影响。Zhang 等(2017)认为社会人口因素(如性别、年龄、个人收入和教育程度等)在预测绿色行为方面很有说服力。Cheng 等(2021)探讨地方感知、地方依恋是否以及如何影响可持续旅游发展的支持度问题,考察居住年限的调节作用,结果表明居住年限的长短正向调节地方感知、地方依恋与绿色行为之间的关系。

2.4　绿色行为引导政策分析框架

在旅游地研究情境下,绿色行为引导政策对促进生态旅游管理十分重要。然而在现有旅游情境的研究文献中,关于绿色行为引导政策的研究较少。本小节对旅游情境下绿色行为引导政策分析框架进行阐述,旨在弥补这一方面文献的不足。本书根据世界银行的分类,将绿色行为引导政策划分为三种类型,分别是:命令与控制型政策、经济激励型政策和公众参与型引导政策。一直以来,我国命令与控制型引导政策较多,近年来经济激励型政策的数量有所上升,而公众参与型政策数量却较少。图 2.10 总结了我国绿色行为引导政策分析框架。

20 世纪 80 年代以来,我国制定并实施一系列与环境相关的法律和政策,以协调经济、社会和环境的发展。在过去,我国环境政策是典型的管制模式。

以监管为主导的方式对缓解环境进一步恶化起到一定的积极作用。为提高环境政策的有效性,我国政府已对现有环境治理政策体系进行改革。在进一步加强环境立法和行政管理的同时,一系列市场化的政策如排污费等在全国范围内逐步实施。绿色信贷、绿色保险政策等以市场为基础的环境工具也相继推出。有学者指出,为公众提供更透明的环境信息,将有助于吸引更多公众关注环境问题,从而可能对污染企业施加更大压力,或对表现良好的企业提供更多激励(Liu et al.,2010)。有研究表明,越来越多的我国企业意识到环境问题的重要性,并努力改善企业的环境绩效。为超越基本的环境合规标准,实现更高的环境价值,部分企业开始进行积极的环境实践,如环境相关信息的自我报告等(Liu,Anbumozhi,2009)。此外,我国企业的绿色行为不仅受到政府的影响,还受到投资者、周边居民、行业协会和员工等利益相关者的影响(Clark,2005)。近些年来,我国群体性环境事件发生频率越来越高,这说明我国民众对于环境问题与环境污染的关注程度也越来越高。Zheng 等(2014)在其研究中发现,与过去相比,公共环境保护主义在当今我国的环境治理中发挥着更为重要的作用。

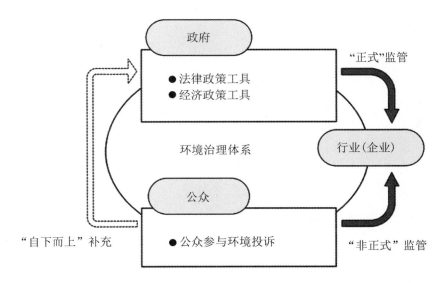

图 2.10　我国绿色行为引导政策分析框架

多主体治理(Multi-Actor Governance,MAG)理论强调在规范政策的设计和实施过程中,既包含正式的政策制定者,也包含非正式的公共行动者(Bache et al.,2016)。根据多主体治理理论框架,当前我国的环境治理体系被描述为一个系统，包括多个参与者对污染行业（或企业）实施多种绿色行为的引导政策。如图 2.10 所示，政府包括中央政府和地方政府，其负责法律政策工具或经济政策工具的设计和实施。与政府相比，公众指的是对环境恶化更为敏感的公民和社区。当公民或社区生活质量受到工业污染损害时，其可能会通过向政府报告或抗议污染等"非正式"监管方式对抗污染。由公众驱动的"非正式"监管与政府驱动的环境治理的"正式"监管相互配合（Kathuria，2007）。工业污染的来源是污染行业，包括许多污染企业。污染行业（或企业）作为环境治理的监管对象，受到政府"正式"的和公众"非正式"的双重监管。

第 3 章

人际人地关系视角下旅游地居民绿色行为影响机理研究

3.1 引　言

如第 1 章"绪论"所述，旅游地居民与旅游地间存在特殊而紧密的联系，旅游地居民是旅游地发展与规划的主要利益相关者，他们的绿色行为对于旅游地环境保护十分重要。本章在第 2 章"理论与文献综述"的基础上探索人际人地因素如何影响旅游地居民绿色行为意愿，选择地位意识、利他关怀和自然联结三个变量为前因，检验他们对旅游地居民绿色行为意愿的直接影响。现将探究人际人地因素对绿色行为意愿影响的主要原因归纳如下。

首先，已有绿色行为影响因素的研究大致分为两个方面：一种基于理性人假设，认为绿色行为是个体在权衡实施行为的成本和收益后做出的理性决策；另一种基于社会人假设，认为个体在衡量成本和收益的同时，道德和规范也是绿色行为的主要驱动因素。个体的道德和规范受到社会互动中文化价值因素的影响。尽管社会人假设的相关理论在学术界得以广泛应用，但这一假设也因忽略了社会互动中文化价值因素对个人规范和绿色行为的影响而受到批判（Han et al.，2015；Zhang et al.，2013）。有学者指出，行为人个体既不能脱离社会关系，做到完全理性决策，也不会完全被社会规范和道德所约束。在以旅游地居民为考察对象的研究情境下，人际关系和人地关系构成了旅游地居民主要社会关系内核。因此，探究旅游地居民之间、居民与旅游地之间关系因素对于促进绿色行为参与有着重要影响。

其次，社会资源是有限的，个体利益与集体利益之间往往存在冲突，在社会困境情形下如何协调个人与集体利益间的关系十分重要。增强个体对生活环境的归属感和认同感可能是缓解个人和集体利益冲突的有效手段之一。归属感和认同感是个体在与环境互动中形成的重要心理感知，归属感和认同感的形成离不开社会文化情境（Schwartz，1977；林德荣，刘卫梅，2016）。现有文献表明，在旅游情境下，不同文化背景对个体归属感和认同感的影响存在显著差异（Tolkach et al.，2017）。现有认同感和归属感研究中的理论应用大多复制西方国家的文化情境，忽视了中国文化因素的独特影响，这将降低现有理论对中国文化情境下旅游实践的解释和预测能力（Hsu，Huang，2016）。人际人地关系是社会关系的主要体现和浓缩，可以较好地涵盖中国文化情境的独特影响。所以,旅游地居民绿色行为影响机理的研究应考虑人际人地关系因素的影响。

最后,绿色行为具有"利他"和"集体行动"属性,需要各利益相关者在社会互动中共同参与。深刻理解社会互动中的人际人地互动将有助于促进个体绿色行为决策的形成。综合上述原因,本章从人际人地视角出发,探究人际人地相关因素对旅游地居民绿色行为意愿的影响。结合自然旅游地这一具体研究情境来看,选择地位意识、自然联结和利他关怀用以刻画人际人地因素。

个体存在于社会互动中,个体态度和行为意愿在互动中都将受到一定程度的影响。上述互动和影响可能是难以察觉或微不足道的,却是人类建立社会联系的基础。在人类与环境之间的研究中,学者们认为个体与地方以及与地方上的他人互动时,地方依恋的情感便应运而生(刘德光,董琳,2022)。个体与社会-物理环境之间紧密的互动会引导个体选择更友好的绿色行为,以及采纳更有利于环境的生活方式(Kyle et al.,2004)。环境心理学从邻里和非邻里、亲近和距离的视角解释了个体与特定地方之间的联系和行为方式(Brown et al.,2003;Fullilove,1996)。个体是居住在某地还是前往某地旅行,这将影响他们对该地的依恋程度(Lee et al.,2012)。尤其对于旅游地居民而言,由于频繁地体验本地环境,他们更容易对旅游地产生依恋感(Scarpi et al.,2019)。旅游地居民与居住地形成情感纽带后,会激发他们对环境的关心,从而采取行动保护环境。无论是游客还是旅游地居民,当认识到个体对环境所带来的负面影响负有责任时,地方依恋都会引导他们为旅游地的环境保护做出努力。在旅游情境中,通常使用"旅游地依恋"一词来描述这种地方依恋现象。

根据依恋理论,个体将基于过去和当前的经验对特定地方形成依恋和信任(Bowlby,1982)。个体内在的心理生物系统将激励他们与重要的环境或他人形成心理上的情感纽带(Tsai,2012)。旅游地居民通过与旅游地直接或间接互动建立了对旅游地的情感依恋,并与当地社区和生态系统间建立了自己的联系网络。由此形成的社会关系系统将在个体的社会互动中持续发挥作用(Coghlan,Gooch,2011)。有学者指出,地方依恋"有时在无意识的情况下发生,是在个体或群体与其社会物理环境间的行为、情感和认知联系中发展起来的"。因此,旅游地居民对旅游地的情感依恋是在与旅游地各个方面的互动中形成的。

从性质上看,旅游地依恋的主要特征如下:一是内含了个体或群体对于环境的熟悉感和自身是"局内人"的认知(Rowles,1983);二是旅游地环境满足了当地居民个体的情感以及激发了他们的情感偏好(Proshansky,1978);三是环境成为个体自身的一种符号和象征(Dixon,Durrheim,2004);四是旅游地依恋将影响居民个体或群体的行为和意愿(Korpela,1989)。在旅游地居民与旅游地环境及旅游地居民与其他居民的不断互动中,旅游地居民将与旅游地之间产生情感上的联结(Kalandides,Kavaratzis,2011)。这种情感上的联结是旅游地居民以旅游地为媒介而产生的特殊情感体验,本质上是经过文化和社会特征改造的社会关系(朱竑,刘博,2011)。研究发现,社会互动可以显著提升亲社会行为发生的可能性,且这种促进效应并不局限在个体工作和社交的互动中,还将延伸到家庭成员间的互动中(万萦佳,2018)。因此,本章探讨了人际人地关系对绿色行为意愿的影响机理,引入了旅游地依赖和旅游地认同作为中介机制,并考虑了人际人地因素对旅游地居民绿色行为意愿影响机理的边界条件问题,研究了家庭绿色导向的调节效应。

3.2　研究框架与假设

地位意识,也可以称为威望敏感性,通常与地位或炫耀行为紧密相关(Lichtenstein et al.,1993)。随着公众环保意识的不断提升,积极参与绿色行为逐渐成为一种共识。那些具备较高地位意识的个体特别关注他人对自己的看法,从而推动他们为了提升社会声誉而积极采取绿色行动。通常来说,具有强烈地位意识的个体会注重社会价值的积累,他们认为实施绿色行为可以提升个人的自我意识、社会形象以及体现个人品位(Li et al.,2015)。因此,这类个体参与绿色行为,既出于环境保护的考虑,也出于他人对自己积极看法和评价的考量(Lichtenstein et al.,1993)。对于具备高地位意识的个体来说,参与绿色行为不仅是环境保护的举措,更是提升他们社会地位的途径,因此他们在绿色行为上表现出比较高的意愿。

利他关怀被认为是一种能够引导个体行为的重要价值观(Rahman,Reynolds,2019)。这种关怀反映了个体对社会和他人福祉的关切(Teng et al.,2015)。研究已经证实,利他关怀在预测个体绿色行为方面起着重要作用(Rahman,Reynolds,2016)。个体对他人和社会福祉的关心会促使他们积极参与绿色行为,从而提升其实施这些行为的意愿。然而,现代工业化和城市化的趋势导致自然栖息地的消失以及自然资源行业(如林业、农业和渔业)中劳动力的减少,从而使得越来越多的人与自然疏离(Beery et al.,2015)。这种疏离会削弱人们与自然之间的联系,使得他们对全球环境问题的意识减弱(Fletcher,2017)。缺乏与自然的接触可能加剧对自然环境的破坏,同时也会对人们的环境意识、保护态度和行为产生负面影响(Beery et al.,2015)。因此,在环境教育、人文地理学、保护生物学和环境心理学领域,存在许多关于人类与自然脱节导致环境退化的案例(Junot et al.,2017)。

个体与自然的联系是指个体与自然在认知、情感和生理层面的关系(Davis et al.,2009),这种联系被认为是驱动绿色行为的重要动力(Capaldi et al.,2014)。个体内心深处存在着与自然相连的需求(Kahn Jr,1997)。这种内在的连接会推动个体选择更友好的方式来保护自然(Junot et al.,2017)。对自然的深情依赖将促使个体更愿意去内化有关自然重要性的个人价值观,因此,这种自然联结将成为个体价值观的一部分(Davis et al.,2009)。从行为的角度来看,与自然联系更紧密的人往往会更多地参与户外休闲活动(Davis et al.,2009),并且更有可能表现出对保护环境的强烈愿望(Nisbet et al.,2009)。综上所述,与自然的亲近程度越高,旅游地居民对环境的态度越友好,他们也更关心自己的非绿色行为对旅游地环境造成的不良影响,因此越倾向于采取绿色行为(Capaldi et al.,2014)。特别是,旅游地居民有可能在他们的个人价值观中内化了对自然重要性的认识,从而增强了与自然的联系(Davis et al.,2009)。这种联系进一步反映在行为上,高度与自然联系的居民更多地投身于户外休闲活动(Davis,2009),并表现出更大的环保意愿(Nisbet et al.,2009)。综上所述,本章提出了以下假设:

H3-1a:地位意识对旅游地居民绿色行为意愿有正向影响。

H3-1b:利他关怀对旅游地居民绿色行为意愿有正向影响。

H3-1c:自然联结对旅游地居民绿色行为意愿有正向影响。

3.2.1　旅游地依赖和旅游地认同

在旅游领域中,地方依恋常被称为"旅游地依恋"(Scannell,Gifford,2014)。全球化的发展、流动性的增加以及环境问题的侵袭,威胁着人们赖以生存的居住地环境,人类与居住地之间的联系变得十分脆弱(Sanders et al.,2004;Stedman,2003)。在本章中,旅游地依恋被定义为旅游地居民与旅游地之间建立起的正向情感联系,是当地居民居住在该旅游地感到舒适和安全的心理状态的表达（Hidalgo，Hernandez，2001）。旅游地依恋的概念来源于旅游地本身，特别强调归属感。这种归属感是由个体在社会互动过程中经历社会关系的堆叠而形成的，是个体对他们居住环境产生依附的内在动力（姜洁，2020）。

旅游学者指出，旅游地依恋包含两个部分：旅游地依赖和旅游地认同（Loureiro，Sarmento，2019）。旅游地依恋是由认知（即旅游地依赖）和情感（即旅游地认同）间的相互作用形成的（Patwardhan et al.，2020）。首先，旅游地依赖是基于特定旅游地的功能依存关系（即旅游地满足当地居民欲望或需求的程度）而形成的（Gu，Ryan，2008；Loureiro，2014）。其次，旅游地认同是指对某个旅游地的象征性或情感依恋，即对旅游地的认同感（Loureiro，2014）。换句话说，旅游地居民倾向于对旅游地形成依恋，不仅因为旅游地为其提供了生活和工作所需的资源和设施，也因为旅游地是当地居民内在身份成分的重要来源（Patwardhan et al.，2020），是他们内心自我的一部分（Park et al.，2010）。本章在借鉴前人研究基础上，将旅游地依恋分为旅游地依赖和旅游地认同两个维度进行分析。

随着旅游地居民与旅游地的互动程度不断增加，他们对旅游地的依恋程度也将逐渐加深。这种紧密的互动联系会激发旅游地居民实施更多积极的角色外行为，包括自发的服务行为和绿色行为，从而表现出对旅游地的情感投入（Su et al.，2019）。这种情感投入对环境的态度和行为有着深远的影响。过去的研究已经表明，当个体与社会物理环境建立紧密联系时，他们更有可能参与绿色行为（Cheng，Wu，2015）。这是因为个体的情感依恋和亲近感使他们对环境更加关心，愿意采取积极的行动来保护环境。当个体对某个地方产生依恋感时，他们会更加珍视和尊重这个地方，进而表现出更多的绿色行为（Ram et al.，2016）。特别是在旅游地情境中，高度依恋的当地居民更有可能积极参与环境保护，因为他们深刻理解环境的重要性，希望保护自己赖以生存家园的自然和文化资源，以确保其可持续发展。这种积极的参与可以体现在多个方面，包括垃圾分类、资源节约、能源使用的优化等。高度依恋的旅游地居民可能会主动参与社区环保活动，提倡可持续的旅游方式，以及鼓励其他人尊重并保护旅游地环境。他们可能会在社交媒体上分享环保信息，参与志愿者活动，或者与当地政府合作推动环保政策的实施。因此，旅游地居民对旅游地的高度依恋会促使他们更倾向于保护环境，减少个人活动对环境造成的负面影响，并积极参与各种绿色行为。这种情感上的投入不仅有助于维护旅游地的可持续性，也反映了个体与环境之间紧密联系的重要性。综上所述，本章提出如下假设：

H3-2:旅游地依赖对旅游地居民绿色行为意愿有正向影响。

H3-3:旅游地认同对旅游地居民绿色行为意愿有正向影响。

旅游地居民对旅游地产生认同感的一个重要前提是旅游地本身具有一定程度的吸引力(Dutton et al.,1994)。然而,对那些地位意识较高的旅游地居民而言,旅游地的吸引力将不仅仅停留在景观或设施方面,还将涉及是否能够为他们带来社会地位和形象的提升(Bhattacharya,Sen,2003)。高地位意识的旅游地居民意识到,作为该旅游地的一部分,他们所居住的地方的声誉和品牌对于他们的社会地位和自我形象具有重要影响。这种认知使他们更加关注旅游地在社会中的地位以及对他们个人的价值。因此,如果他们感知到作为旅游地居民的身份能够为他们带来社会地位的提升,满足他们对自我表达和社会认可的需求,那么他们将更加强烈地认同自己是旅游地的一员,产生认同感和归属感(Bhattacharya,Sen,2003)。这种高地位意识下的认同感是一个复杂的心理过程,涉及个体对于自我身份的定义和维护。这些旅游地居民不仅仅是在一个地理位置上居住,更是在参与旅游地社会地位和形象的构建。他们的认同感在很大程度上受到旅游地在社会中的形象和声誉的影响。因此,当旅游地居民看到旅游地能够为他们提供与自己的地位和形象相称的生活方式、社交圈子以及个人发展机会时,他们会更加愿意与旅游地建立深刻的联系,产生认同感。也就是说,高地位意识的旅游地居民之所以会对旅游地产生认同感,不仅在于旅游地本身的吸引力,更在于旅游地能够满足他们对社会地位和形象提升的需求。这种认同感不仅与地理位置有关,还与社会认知、社会地位等因素紧密相连,从而影响了他们与旅游地的联系和情感依恋。因此,本章提出如下假设:

H3-4:地位意识对旅游地依赖有正向影响。

H3-5:地位意识对旅游地认同有正向影响。

旅游地依恋作为一种关系预测因素,涵盖了旅游地居民对旅游地环境的心理参与,从而反映了居民与自然环境和旅游地之间的联系(Unanue et al.,2016)。这种情感联系与旅游地居民是否参与绿色行为之间存在密切关系(He et al.,2018)。不论是出于对旅游地整体还是他人的利益考虑,如果旅游地居民关心并愿意为旅游地的福祉作出贡献,那么他们与旅游地环境的联系将会更加紧密(Su et al.,2018)。换句话说,当旅游地居民对社区内其他人或旅游地自然环境的福祉产生关心时,他们的情感联系会更加深厚。这种关心表现出居民的利他关怀,使他们愿意投入行动来帮助实现旅游地的环境目标。具有这种利他关怀的旅游地居民更有可能具备较高程度的同理心,能够理解并共情他人和环境的需求,从而与旅游地建立起更为强烈的情感依恋(Kim et al.,2018)。因此,增强居民对旅游地的利他关怀程度将会有助于加强他们与旅游地之间的情感依恋。这种关怀不仅仅体现在对自身利益的关注,更体现在对社区和环境整体福祉的关切。这种情感投入使居民更愿意为旅游地的可持续发展作出积极的贡献,从而加强了他们与旅游地的情感联系,形成了更加深刻和稳固的旅游地依恋。基于以上讨论,本章提出以下假设:

H3-6:利他关怀对旅游地依赖有正向影响。

H3-7:利他关怀对旅游地认同有正向影响。

除了与社区和其他人的联系外,个体与自然环境以及特定地方的紧密联系也被认为对个体的身份和自我定义有影响(Mayer,Frantz,2004)。这种与自然环境的互动和联系不仅将产生个体情感上的依附,还将构建一种与环境相联系的身份(Chow et al.,2019)。通过与自然环境的互动,个体可以体验到自然的美妙和恩赐,从而形成一种情感依恋。这种依恋不仅表现为对自然环境的喜爱和尊重,更延伸至对特定地方的情感投入。例如,随着旅游地居民与旅游地亲近程度的增加,旅游地居民对旅游地的情感依恋程度也会逐渐加深。这种情感联系与自然环境的互动使个体在心理上产生了依附感,形成了一种与环境和地方相连接的身份感。同样,随着个体与自然或特定地方的亲近程度增加,他们的同理心水平也可能会提高,这进一步影响了他们的绿色行为意愿。个体愈发关注自然环境的需求和脆弱性,因此更倾向于采取积极的环保行动,以保护这个与他们紧密相连的环境。在旅游地情境下,高同理心水平的居民可能会更积极地参与环境保护活动,与旅游地之间的情感联系会变得更加紧密。这种情感联系不仅是对自然环境的喜爱,更体现在对旅游地的认同感和归属感上(Mayer,Frantz,2004)。也就是说,个体与自然环境以及特定地方的紧密联系对于个体的身份和自我定义产生了重要影响。这种联系通过情感依恋的形式,使个体建立起了一种与环境和地方相连的身份。同时,这种联系还促使个体的同理心水平的提高,从而增强了他们对环境保护的绿色行为意愿。因此,本章提出如下假设:

H3-8:自然联结对旅游地依赖有正向影响。

H3-9:自然联结对旅游地认同有正向影响。

3.2.2　家庭绿色导向

家庭环境作为个体成长过程中的原始环境,具有深远的影响,对于塑造个体的绿色行为和环保意识产生着重要作用。其中,家庭绿色导向被认为是在家庭环境中影响个体绿色行为的关键情境因素之一。在本章中,家庭绿色导向被定义为旅游地居民在家庭中感知到的家庭成员对于绿色行动和环境教育的认知和重视程度(Burch et al.,2015)。这一导向不仅涉及家庭成员的态度,还涵盖他们对环境保护的行动和教育的关注程度。Chawla(1999)强调了家庭绿色导向在培养环保主义者的过程中的重要性。他指出,家庭中存在着具有绿色导向的家庭成员(如兄弟姐妹)可以在个体的环保意识和行为塑造中发挥关键作用。家庭中成员的绿色行为和价值观可以积极影响个体,促使他们在成长过程中形成对环境的关注和责任感。此外,家庭中的环保经验也对个体产生了深远的影响,培养了他们在面对未来环境变化威胁时的积极应对能力。

研究表明,家庭对于个体绿色行为的影响将延伸至青少年时期。青少年的绿色行为动机受到家庭中描述性规范和父母保护环境动机的影响。家庭成员共同的生态价值观也能够激发个体的绿色行为。在具有绿色导向的家庭环境中,个体更有可能认为绿色行为是重要的,并愿意积极参与其中。此外,家庭成员讨论和关注环保问题的频率也在一定程度上决定了个体的绿色行为意愿。频繁地讨论环保问题的家庭认为绿色行为至关重要,这种价值观传递可以通过家庭成员之间的交流和示范来实现。个体在这样的家庭互动中感知到家庭及家庭成员对环境保护和环境教育的重视程度更高,从而更愿意参与绿色行为,因为他们认识到这是一种对环境和家庭的责任。总的来说,家庭环境和家庭绿色导向在塑造个体的绿色行为方面具有重要作用。家庭成员的态度、行动和价值观在个体的环保意识和行为发展中起到了关键作用。因此,本章提出如下假设:

H3-10:家庭绿色导向正向调节人际人地因素与亲环境行为意愿间的关系。

H3-10a:家庭绿色导向对地位意识与绿色行为意愿之间的关系存在正向调节作用。

H3-10b:家庭绿色导向对利他关怀与绿色行为意愿之间的关系存在正向调节作用。

H3-10c:家庭绿色导向对自然联结与绿色行为意愿之间的关系存在正向调

节作用。

综上所述,本章的研究框架如图 3.1 所示。

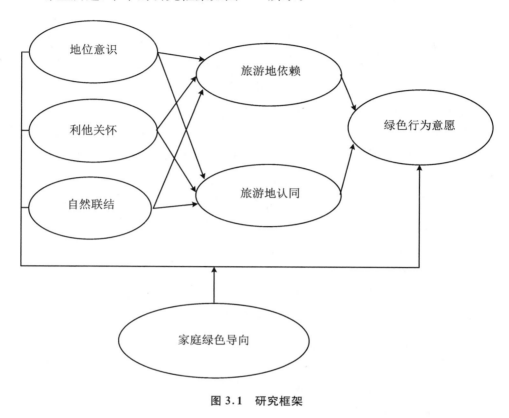

图 3.1　研究框架

3.3　数据与方法

3.3.1　数据收集

本章采用问卷调查的方法来收集数据,问卷中涵盖了各个构念的测量题项,每个构念的题项在措辞上都已根据本章的研究情境进行了适当的调整,以确保问题清晰准确地反映所研究的概念。这样的设计有助于保证数据的准确性和可靠性,从而为研究的可信度提供了基础。具体而言,旅游地依赖构念的 5 个题项是在参考 Halpenny(2010)和 Zhang 等(2014)的研究基础上进行改编的。而旅游地认同构念的 5 个题项则借鉴了 Choo 等(2011)和 Su 等(2017)的研究。家庭绿色导向构念的 4 个题项则在参考 Corral-Verdugo 等(2019)和 Valdez 等(2018)的研究后进行了改编。最后,绿色行为意愿构念的5 个题项来源于 Wang 等(2020)以及 Lee 等(2013)的研究。本研究的问卷调查还包含了基本人口统计信息。

为确保问卷的有效性和准确性,调研团队采取了一系列严谨的步骤。首先,根据前人研究的题项,调研团队设计了一份初始的英文问卷。随后,经过英中翻译,结合本章研究的背景,进一步完善了中文问卷,形成初始中文问卷。为了确保问卷的质量,调研团队邀请了 7 位可持续旅游领域的专家和学者,就问卷的措辞、布局等方面提供了宝贵的建议。根据专家和学者的反馈,调研团队对初始中文问卷进行了修订和优化。

为了检验问卷的信度和效度,在正式发放调查问卷之前,调研团队选择了 50 名本科生作为样本进行了预调研。预调研的结果显示,最终版问卷的各个构念和题项的信度和效度都符合统计要求,这表明问卷在测量目标变量时具备较高的准确性和可靠性。附录中详细列出了正式问卷中各个构念和题项的内容。

此外,本章样本量采用以下公式(Zhang et al.,2020)确定:

$$N = \frac{Z^2 p(1-p)}{E^2} = \frac{1.96^2 \times 0.1(1-0.1)}{0.025^2} = 533.19 \approx 533 \quad (3.1)$$

其中,N 为必要样本量;p 为标准误差,设为 0.1;E 为期望的误差范围(置信区间),设为 ±2.5%(即 95% 置信水平);Z 为标准正态分布的值,取 1.96,反映95% 置信水平。通过上述公式(3.1)计算可得,若本次调查的被调查者人数超过 533 人,则可以保证必要的样本量。本次问卷调研发放问卷834 份,共回收 797 份有效问卷,样本量符合要求。

3.3.2　调研地概况

本章调研对象为黄山风景区 5 个门户城镇的当地居民(王咏,2014)。黄山风景区位于中国安徽省黄山市,总面积约 1200 平方千米(包括核心区 160.6 平方千米和缓冲区 490.9 平方千米),为我国首批 5A 级风景区之一。该风景区有东、南、西、北四个出入口,包含 4 个社区 5 个门户城镇,分别是:东边门户的谭家桥、南边门户的汤口、西边门户的焦村和北边门户的甘棠-耿城。这些门户城镇作为连接游客和黄山风景区的桥梁，在旅游业发展中扮演着重要角色。调研时间为 2018 年 9 月至 11 月。在调研过程中，调研团队得到了各个村镇委员会的大力支持和帮助，为调研的顺利进行提供了保障。调研团队分组对几大城镇中的旅游地居民进行了调研。

3.4 数 据 分 析

表 3.1 呈现了受访样本的人口统计信息。在性别占比的分析中，样本中男性与女性的比例分布相对均衡。针对样本量的年龄分布，可以看出受访对象主要集中在中青年群体，其中 26～50 岁的受访者占比超过了 60%。在受教育水平方面，受访者的学历主要分布在中等水平，高中或专科学历的受访者占比超过了 50%。关于月收入的分布情况，多数受访者处于中低收入阶段。这些统计信息揭示了受访样本的人口特征，为后续的数据分析提供了背景参考。

表 3.1 样本统计信息

统计信息	分 类	频数	百分比
性别	男	383	48.1%
	女	414	51.9%
年龄	<18 岁	39	4.9%
	18～25 岁	109	13.7%
	26～30 岁	170	21.3%
	31～40 岁	175	21.9%
	41～50 岁	168	21.1%
	51～60 岁	91	11.4%
	>61 岁	45	5.7%

续表

统计信息	分　类	频数	百分比
	小学	43	5.4%
	初中	269	33.7%
受教育水平	高中	280	35.1%
	专科	140	17.6%
	本科及以上	65	8.2%
	≤3000 元	189	23.7%
	3001~5000 元	300	37.6%
月收入	5001~7000 元	155	19.5%
	7001~10000 元	82	10.3%
	>10001 元	71	8.9%

Harman 单因素分析结果表明,共同方法偏误对后续数据分析并不构成威胁(Podsakoff et al.,2003)。本章数据分析采用验证性因子分析和结构方程检验的两步法进行(Anderson,Gerbing,1988),检验地位意识、利他关怀、自然联结、旅游地依赖、旅游地认同、旅游地居民绿色行为意愿之间的关系。

3.4.1　测量模型分析

测量模型的分析在研究中具有重要意义,它通过验证性因子分析来评估构念度量的准确性和信度,从而确保研究结果的可靠性和有效性。根据表 3.2 中的拟合指标,可以明确测量模型的整体拟合度是恰当的。这些拟合指标的值均高于最低阈值暗示了测量模型在理论结构和实际数据之间具有较好的一致性,从而可以进行后续分析。

表 3.2　测量模型的适用性分析

指标	标准	实际值	判断
χ^2/df	<3.00	2.62	是
GFI	>0.90	0.93	是
NFI	>0.90	0.94	是

指标	标准	实际值	判断
IFI	>0.90	0.95	是
TLI	>0.90	0.93	是
CFI	>0.90	0.95	是
RMSEA	<0.08	0.07	是

注:GFI(Goodness of Fit Index)表示模型整体适合度指数;NFI(Normed Fit Index)表示规范适配指数;IFI(Incremental Fit Index)表示增值适配指数;TLI(Tucker-Lewis Index)表示 Tucker-Lewis 指数;CFI(Comparative Fit Index)表示相对拟合指数;RMSEA(Root Mean Square Error of Approximation)表示近似误差均方根。

构念信度是测量工具的一项重要指标,它反映了测量工具的准确性和稳定性。通过 Cronbach's Alpha 值和组合信度(Composite Reliability,CR)值来评估构念信度。根据表3.3的结果,各构念的 Cronbach's Alpha 值都高于0.70的基准值,这表明测量工具在各个构念上具有较高的内部一致性。同时,CR值也在0.70以上,进一步加强了测量工具的可靠性。这些结果说明了所使用的测量工具能够稳定地测量不同构念。在测量模型分析中,构念的收敛效度和判别效度是关键指标,用于评估测量工具的有效性。构念收敛效度通过平均方差萃取(Average Variance Extracted,AVE)值和因子载荷度量来测量。从表3.3中可以看出,各构念的 AVE 值均远远高于0.50的标准值,这意味着测量工具对构念的测量是有效的。同时,各题项的因子载荷都超过了0.70的阈值,表明每个测量题项与其对应的构念之间存在着明显的关联。判别效度评估了不同构念之间的差异,从表3.4中可以看出,AVE 值的平方根均大于构念的相关系数,支持了它们在概念上的独特性。

表3.3　测量模型分析结果

构　念	题项	因子载荷	Cronbach's α	CR	AVE
地位意识	SC1	0.83	0.77	0.86	0.64
	SC2	0.77			
	SC3	0.77			
利他关怀	AC1	0.88	0.93	0.95	0.82
	AC2	0.92			
	AC3	0.93			

续表

构　念	题项	因子载荷	Cronbach's α	CR	AVE
自然联结	NC1	0.90	0.93	0.96	0.88
	NC2	0.93			
	NC3	0.95			
	NC4	0.93			
	NC5	0.92			
	NC6	0.91			
旅游地依赖	DD1	0.86	0.81	0.87	0.69
	DD2	0.92			
	DD3	0.85			
	DD4	0.79			
	DD5	0.85			
旅游地认同	DI1	0.89	0.81	0.89	0.72
	DI2	0.83			
	DI3	0.83			
	DI4	0.87			
	DI5	0.86			
家庭绿色导向	FO1	0.86	0.88	0.92	0.80
	FO2	0.84			
	FO3	0.85			
	FO4	0.88			
绿色行为意愿	INT1	0.82	0.82	0.88	0.64
	INT2	0.85			
	INT3	0.79			
	INT4	0.75			
	INT5	0.91			

表 3.4　均值和变量间相关系数

	SC	AC	NC	DD	DI	INT
地位意识(SC)	**0.80**					
利他关怀(AC)	0.26	**0.91**				
自然联结(NC)	0.21	0.23	**0.94**			
旅游地依赖(DD)	0.29	0.29	0.35	**0.83**		
旅游地认同(DI)	0.21	0.31	0.36	0.41	**0.85**	
绿色行为意愿(INT)	0.26	0.29	0.33	0.31	0.34	**0.80**
均值	3.67	3.90	4.18	3.96	3.82	3.66

注：对角线（粗体）元素是 AVE 的平方根，非对角线元素是构念之间的相关性；判别效度符合条件的标准是 AVE 值的平方根应大于构念的相关系数。

3.4.2　结构模型分析

经过结构模型的拟合度分析，结果显示 GFI 为 0.91，NFI 为 0.92，IFI 为 0.94，TLI 为 0.91，CFI 为 0.93，以及 RMSEA 为 0.06。以上数据表明，本章的结构模型拟合度表现良好。

如图 3.2 所示，本章的假设检验结果为：地位意识对绿色行为意愿的影响系数（$\beta = 0.21$，$p < 0.01$）、利他关怀对绿色行为意愿的影响系数（$\beta = 0.33$，$p < 0.01$）、自然联结对绿色行为意愿的影响系数（$\beta = 0.43$，$p < 0.01$）均为正，这意味着 H3-1a、H3-1b 和 H3-1c 的假设得到了验证。同样，旅游地依赖对绿色行为意愿的影响系数（$\beta = 0.37$，$p < 0.01$）和旅游地认同对绿色行为意愿的影响系数（$\beta = 0.35$，$p < 0.01$）也为正，从而支持了 H3-2 和 H3-3 的假设。

此外，地位意识（$\beta = 0.11$，$p < 0.01$）、利他关怀（$\beta = 0.26$，$p < 0.01$）和自然联结（$\beta = 0.36$，$p < 0.01$）与当地居民旅游地依赖之间的关系也是显著正向的，这验证了 H3-4、H3-6 和 H3-8 的假设。同样的，地位意识（$\beta = 0.15$，$p < 0.01$）、利他关怀（$\beta = 0.23$，$p < 0.01$）和自然联结（$\beta = 0.37$，$p < 0.01$）也对当地居民旅游地认同产生显著正向影响，从而支持了 H3-5、H3-7 和 H3-9 的假设。

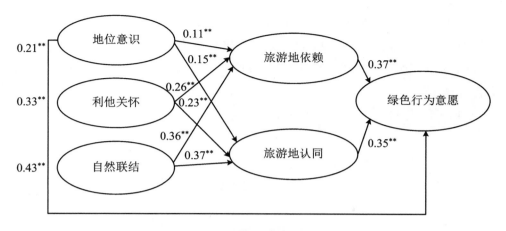

图 3.2 假设检验结果

注：** $p < 0.01$。

3.4.3 调节效应分析

本节采用 Tascioglu 等(2017)的方法检验家庭绿色导向的调节作用,该方法被认为具有准确和易于操作的特点。使用卡方值、CFI、RMSEA 和 PGFI 的值来评估模型的拟合度。由表 3.5 可知,CFI 值大于 0.90,RMSEA 值小于 0.08,简约适配度指数 PGFI 值在 0.50 左右。上述数值表明家庭绿色导向调节模型的拟合程度良好。

表 3.5 家庭绿色导向调节分析结果

预测因子	绿色行为意愿	χ^2	CFI	RMSEA	PGFI
地位意识(SC)	0.21**	153.07	0.89	0.06	0.51
家庭绿色导向(FO)	0.23**				
SC×FO	0.19**				
利他关怀(AC)	0.33**	169.15	0.91	0.06	0.51
家庭绿色导向(FO)	0.23**				
AC×FO	0.21**				
自然联结(NC)	0.43**	175.36	0.92	0.05	0.51
家庭绿色导向(FO)	0.24**				
NC×FO	0.24**				

如表 3.5 的调节效应分析结果所示,地位意识、利他关怀和自然联结与家庭绿色导向的交互作用项(SC×FO、AC×FO 和 NC×FO)亦均是显著正向的($\beta = 0.19$,$p < 0.01$;$\beta = 0.21$,$p < 0.01$;$\beta = 0.24$,$p < 0.01$),表明家庭绿色导向正向调节地位意识、利他关怀和自然联结与旅游地居民绿色行为意愿间的关系,支持了假设 H3-11a、H3-11b 和 H3-11c。

3.5　结果讨论与总结

本章考察人际人地互动对旅游地居民绿色行为意愿的影响,探究其中的内在机理和边界条件,试图回答人际人地因素如何以及何时影响旅游地居民绿色行为意愿的问题。结果表明,地位意识、利他关怀和自然联结对旅游地居民绿色行为意愿有直接正向影响,说明具有较高水平的地位意识、关怀他人和旅游地整体福祉并与自然紧密联结的居民个体,将更有可能采取行动保护旅游地的自然环境。这一研究结论支持了 Marx-Pienaar 和 Erasmus(2014)、Amornwitthawat 和 Phongkhieo(2019)以及 Geng 等(2015)的研究发现。地位意识、利他关怀和自然联结也通过旅游地依赖和旅游地认同间接影响旅游地居民绿色行为意愿,这一研究结论回答了人际人地因素如何影响绿色行为意愿的问题,揭示了其中的内在机理。此外,旅游地居民感知到的家庭绿色导向对人际人地因素与绿色行为意愿之间的关系存在正向调节作用。旅游地居民感知到的家庭绿色导向越强烈,地位意识、利他关怀和自然联结对其绿色行为意愿的影响就越大。这一研究结论阐明了人际人地因素与绿色行为意愿之间关系的边界条件,回答了人际人地因素何时影响旅游地居民绿色行为意愿的问题。

就绿色行为意愿影响因素来看,自然联结和旅游地依赖对绿色行为意愿的驱动效应较大,说明旅游地居民与旅游地之间的互动对于绿色行为意愿的影响显著。从人际人地因素对旅游地依恋的影响来看,对旅游地依赖和旅游地认同影响较大的因素均为自然联结,其次是利他关怀和地位意识。这一研究结论说明:在旅游地居民绿色行为的研究情境下,人地关系对个体绿色行为意愿的影响和推动作用十分重要。

旅游地居民作为旅游地当地专家和信息提供者,在吸引未来潜在游客方面扮演着重要角色(Palmer et al.,2013)。鼓励旅游地居民与游客进行接触将进一步提升旅游地的吸引力。旅游地管理者可招募旅游地居民作为旅游地的形象推广者,提高旅游地宣传绩效,促进各个景点、当地居民与其他利益相关者团体间的互动(Sharpley,2014)。旅游地居民是旅游地的主要利益相关者之一,他们通过生活和娱乐活动等与旅游地环境进行互动。为实现旅游地可持续发展目标,应鼓励旅游地居民积极参与环境保护活动(Aljerf,Choukaife,2016)。居民参与环境保护活动可以增强社会凝聚力和社区使命感。参与环境保护活动的旅游地居民之间的互动与交流也将有助于促进个体间的相互信任和理解,有利于社区和谐。管理者和政策制定者应在鼓励广泛人际关系和培养互惠准则的同时,组织更多的社区环境活动,为旅游地居民提供参与环保活动的机会。旅游地和社区管理者应采取措施(如组织讲座宣传等)提高旅游地居民环境意识,使当地居民认识到低努力程度绿色行为意愿对高努力程度绿色行为意愿的正向溢出效应。同时,也应加强对低努力度程度绿色行为的宣传和鼓励,使其对高努力程度绿色行为的正向溢出效应最大化。与此同时,高努力程度绿色行为也应得到相应的支持。参与环境志愿活动的旅游地居民应得到认可,从而增强旅游地居民参与高努力程度绿色行为的意愿。决策者和旅游地管理者也应针对不同类型的绿色行为制定不同的政策和不同的干预措施,而不是采取一刀切的策略。

本章实证结果表明,地位意识、利他关怀和自然联结对旅游地居民的旅游地依赖、认同水平及绿色行为意愿均有显著正向影响。地位意识在中国文化背景下不容忽视(Pearce,1998)。然而,旅游地管理者不应指望具有地位意识的居民群体在没有任何营销努力的情形下实施绿色行为。管理者可通过加大宣传和重新定义"绿色生活方式",将绿色行为与居民日常生活联系起来,从而促进旅游地居民参与绿色行为。此外,弘扬利他关怀不仅有利于文化保护,对旅游地的环境保护也将产生积极影响(Jenkins,2002)。旅游地政府相关部门应将文化资源纳入环境和自然资源管理战略,促进旅游地生态可持续发展。培育旅游地居民对旅游地的依赖和归属感,增强旅游地居民群体的公共认同感(Keitumetse,2009)。个体与自然的联结程度取决于对自然环境和环境问题的了解程度(Restall,Conrad,2015)。从实践角度出发,旅游地管理者应加强宣传环境保护重要性的继续教育项目,以促进旅游地居民对生存环境的进一步了解,提高旅游地居民对自然的认识和欣赏。从长远来看,由于人与自然的联系是在短时间内不容易改变的原始信仰,因此有必要对维护人与自然的和谐关系做好长期准备,促进人与自然之间的情感和认知联系(Geng et al.,2015)。与大自然直接接触并增加与自然接触时间（如在公园露营、在山上徒步旅行等）是增强人与自然间联系的有效方式之一，管理者应当积极倡导绿色环保的生活方式，促进旅游地居民实施绿色行为。

本章揭示旅游地居民人际人地互动对旅游地居民绿色行为和意愿的重要性，以及人际人地因素如何影响旅游地居民对旅游地的依赖和认同，从而影响其参与绿色行为的意愿，地方政府应高度重视这一研究结果。旅游地居民对旅游地的认同感和归属感将促进当地居民积极参与环境保护（Palmer et al.，2013）。旅游地依恋对于保护自然资源、促进可持续游憩和生态系统管理具有重要意义。了解旅游地居民对旅游地的依恋有利于制定更有针对性的管理举措，以保护旅游地资源，促进不同利益群体间的沟通（Buta et al.，2014）。旅游地管理者应鼓励和支持旨在增强当地居民对旅游地依赖和认同的项目和倡议，也应为旅游地居民提供参与旅游地规划和决策的机会，如社区管理会议、公开听证会等，以维持当地居民对旅游地管理者的信任。管理者还应提供相关技术援助，传播旅游知识和当地文化知识，丰富旅游地居民生活，增强旅游地居民的地方依恋。此外，政府部门在努力发展旅游业的同时，应维持旅游地的经济、社会、文化和环境间的平衡。

个体成为社会成员的培训大多来自儿童时期社会关系中的家庭社会化（Corral-Verdugo et al.，2019）。家庭绿色导向将在塑造个体绿色行为方面发挥重要作用。家庭成员间进行气候变化的讨论、家长对环境保护的关注程度等都将影响家庭中个体绿色行为的参与。管理者应号召旅游地社区中的家庭加强家庭环境教育，提高家庭成员对环境破坏和变化的关注，以应对旅游地环境的恶化。

第 4 章

个体动机与社会资本视角下
旅游地居民绿色行为影响机理研究

4.1 引　　言

本章以城市公园这一旅游地为例,探究城市公园附近居民的绿色行为。作为城市生态系统和景观的重要组成部分,城市公园是满足城市使用者休闲需求的场所,提供了进行各种户外活动的可能性(Santos et al.,2016)。城市公园的环境保护对于城市的可持续发展至关重要,因为这些公园在调节城市微气候、降低城市热岛效应以及净化空气和水系统方面发挥着显著作用(Ryan,2006;Stratu et al.,2016)。城市公园的利益相关者应关注城市公园中的环境问题,并采取绿色行为以促进城市公园的可持续发展。

城市公园附近的居民作为核心利益相关者值得被进一步关注,因为他们是城市公园的直接受益者。他们居住在城市公园附近,他们的非绿色行为和生活方式可能严重威胁城市公园的可持续性(Miller et al.,2015)。此外,一些附近的居民依赖城市公园资源维持生计,他们的生计与城市公园环境之间存在关联(Gursoy et al.,2019),所以,这些附近的居民需要在环境保护和个人生计问题之间取得平衡。因此,城市公园附近的居民对城市公园表现出更强的共鸣和依恋,他们的绿色行为在保护城市公园环境方面具有重要意义。因此,本章关注如何从城市公园附近居民的角度出发来激发绿色行为。

对绿色行为动机的研究通常将这些行为与关注个体外部的超越性动机联系在一起(Ertz et al.,2016;Lee,Cho,2019;Ling,Xu,2020)。然而,目前的知识表明,个体为了改善自身地位和形象的动机也变得越来越重要。参与绿色行为有助于提高个人的地位和形象,个体从事绿色行为可能是为了维护自己的声誉。自我超越动机与地位激活动机的共存可能会使评估绿色行为的动机变得更加复杂(De Dominicis et al.,2017)。然而,关于自我超越动机和地位激活动机相互作用的文献在很大程度上尚未得到充分研究(Verfuerth,Gregory-Smith,2018)。因此,本章旨在同时考虑自我超越动机和地位激活动机对个体绿色行为的影响,以弥补现有文献的不足。

学者们考虑了情境因素,并发现个人动机对行为的驱动在很大程度上受情境的影响(Imran et al.,2014;Lee,2011)。如果情境因素能够激活这些动机并使其更容易被识别,支持其表达,或增加动机与行为的一致性,那么个人动机对行为的影响将更加显著(Chan,2019)。城市公园附近的居民生活在社区中,社区社会资本是与社区居民行为相关的一个重要情境特征(Forrest,Kearns,2001)。社区社会资本包括有助于个体和组织在社区中嵌入的社会规范和社会网络,从而促进一致性规范的遵循并限制规范违反行为(Hoi et al.,2018)。

鼓励绿色行为的方法有两种,即基于恐惧的方法和社会资本方法。在基于恐惧的方法的影响下,个体被敦促进行绿色行为,因为他们担心可能受到谴责或经济惩罚(Horng et al.,2014)。然而,社会资本方法侧重于建立对绿色行为的真正承诺,并将其视为社会规范(Miller,Buys,2008;Pollitt,2010)。社区社会资本可以被视为促进城市公园附近居民积极绿色行为改变的潜在催化剂,因此在解决可持续发展挑战方面具有重要价值(Liu et al.,2014;Wu et al.,2010)。

然而,现有文献强调了社会资本对个体而非集体层面的绿色行为的影响。研究显示,社会资本在集体层面上对绿色行为的影响效果超过了个体层面(Cho,Kang,2017;Ling,Xu,2020;Macias,Williams,2016)。这呼吁人们从集体层面分析社会资本对绿色行为的影响。然而,值得注意的是,社区社会资本的影响可能会抑制行为动机的自由表现,从而削弱个人动机的行为效应(Ling,Xu,2020)。换句话说,个人动机与社区社会资本之间可能存在不兼容性。为了更好地评估动机和社会资本在行为意愿上的积极作用,应考虑和讨论个人动机与社区社会资本之间的潜在不兼容性。此外,实施不同的绿色行为需要不同的努力程度。根据努力程度的不同,绿色行为意愿可以分为低努力程度绿色行为意愿和高努力程度绿色行为意愿。有趣的是,低努力程度绿色行为意愿可能会对高努力程度绿色行为意愿产生溢出效应。本章旨在探讨在城市公园可持续发展领域内,低努力程度绿色行为意愿是否能激发高努力绿色行为意愿。

本章的主要研究成果总结如下。首先,本章将自我超越和地位激活动机同时纳入研究框架,并进一步考虑了这两种个人动机与社区社会资本之间的交互效应。因此,本章弥补了现有文献中存在的差距,并为绿色行为意愿的前因和情境因素之间的关系提供了新的见解。其次,本章确定了绿色行为意愿的二维结构分类,并进一步检验了低努力程度的绿色行为意愿对高努力程度的绿色行为意愿的溢出效应,丰富了多维度绿色行为溢出效应的研究。最后,本章在集体层面探讨了社会资本的概念,并进行了多层次分析以分析社区社会资本的影响,扩展了社区社会资本在绿色行为背景下的研究。

4.2 研究框架与假设

尽管在现有研究中已经强调了城市公园中绿色行为和居民环境态度的重要作用(Cleary et al.，2020；Jennings et al.，2016；Zhang et al.，2018)，但人们对于城市公园附近居民的个人动机与社区社会资本之间是否存在不兼容性，以及这种不兼容性是否会威胁动机-行为一致性的影响知之甚少。本章通过探究自我超越和地位激活动机对城市公园附近居民低努力程度和高努力程度绿色行为意愿的影响，以及这些影响是如何受到社区社会资本的调节的，来填补这一研究的不足。

4.2.1 低努力程度绿色行为意愿的溢出效应

由于绿色行为可能在所需的努力程度、资源、时间或空间设置以及具体结果上存在差异，研究人员呼吁检验绿色行为的子类型之间的关系(Ramkissoon et al.，2013；Thøgersen，2004；Wang et al.，2017)。本研究采用 Ramkissoon 等(2013)的分类，将绿色行为意愿分为低努力程度绿色行为意愿和高努力程度绿色行为意愿。"努力"代表了执行某种行为所需的资源或精力的程度(Ramkissoon et al.，2013)。因此，低努力程度绿色行为意愿指的是意图实施需要较少"努力"的绿色行为(如捡起垃圾或了解城市公园环境)，而采取高努力程度的绿色行为意愿则需要相对更多的努力，如参与环境保护项目(Zhang et al.，2018)。

溢出效应是一种行为改变的有效机制(Lauren et al.，2019)，定义其为参与一种行为对进行后续行为的可能性产生影响的程度(Nilsson et al.，2017)。当初始参与增加后续参与时，溢出效应是积极的；当初始参与减少个体采取后续行为的可能性时，溢出效应是消极的(Lauren et al.，2019)。自我知觉理论认为，个体是其行为的观察者。个体倾向于根据对其行为的观察来改变其态度、信念和其他内部状态(Bem，1972)。这种自我知觉可能会促使个体采取与其自我知觉一致的其他行为。例如，实施绿色行为的个体可能会改变其态度和自我形象，以与这些行为保持一致，从而在将来实施更多的绿色行为

(Thøgersen,Olander,2003)。

通过提醒个体现有的行为并通过提示环境的后果来改变他们的自我知觉是溢出发生的潜在切入点(Lauren et al.,2019)。小的绿色行为可能会激发更具环境意义的行为(Thøgersen,Crompton,2009)。也就是说,低努力程度绿色行为意愿可以在一定程度上改变个体的环境态度和环境认知,从而促使高努力程度绿色行为意愿(Steinhorst et al.,2015)。因此,低努力程度绿色行为意愿对高努力程度绿色行为意愿的积极溢出效应非常重要。如果它被证明是有效的话,那么它对城市公园的可持续发展具有重要影响。因此,本章提出以下假设:

H4-1:低努力程度绿色行为意愿会积极影响高努力程度绿色行为意愿。

4.2.2　自我超越动机与绿色行为意愿

自我超越动机是指关注个体之外的人和实体(Lee,Cho,2019)。自我超越反映了一种利他取向,包括将他人和其他生物的福祉纳入考虑范围之内(De Dominicis et al.,2017)。因此,受自我超越动机驱动的个体渴望帮助社区提高福祉,实现生物圈的和谐共存,并更有可能参与绿色行为。以往的研究已强调了自我超越动机对绿色行为的重要影响(De Dominicis et al.,2017;Gossling et al.,2012;Hall,2016;Sapiains et al.,2016)。然而,绿色行为具有多维属性,相同的决定因素可能会以不同的方式影响不同类别的绿色行为(Landon et al.,2018)。到目前为止,已有研究有限地探讨了自我超越动机对不同绿色行为子类型的具体影响。对不同子类型的具体分析有助于决策者和从业者制定并提出更有针对性的政策和干预策略。

低努力程度绿色行为主要是受经济因素驱动的,它们与自我增强有关,侧重于自我中心的满足感(Balunde et al.,2019;Han et al.,2017)。例如,重新使用购物袋和节约用水和电不仅对环保有益,而且在节省成本方面也是高效的(Song,Soopramanien,2019)。然而,不管低努力程度绿色行为是出于减少经济支出还是出于环保关注,它最终仍将对资源节约和环境保护产生积极影响,尽管这一积极影响是微弱的。因此,本章假设自我超越动机在激发低努力程度绿色行为意愿方面发挥积极作用。此外,一般来说,自我超越动机可以促使实施高努力程度绿色行为。更重视自我超越动机的个体更有可能参与高努力程度绿色行为(Steg et al.,2014)。因此,本章提出以下假设:

H4-2：自我超越动机积极影响低努力程度绿色行为意愿。

H4-3：自我超越动机积极影响高努力程度绿色行为意愿。

4.2.3　地位激活动机与绿色行为意愿

制定有效的环境战略需要考虑个体参与环境活动的动机。个体参与环境活动可能是因为他们从环保关切的角度，从根本上关心地球的福祉和健康（Bamberg，2003）。然而，合理的经济观点认为，绿色行为主要是由经济原因驱动的（Ling，Xu，2020；Uren et al.，2019；Wang et al.，2019）。从某种程度上说，合理的经济观点无法解释高努力程度的绿色行为，因为高努力程度绿色行为通常需要投入大量的金钱和时间（Bronfman et al.，2015）。最近的研究表明，面向社会的动机在影响个体环保偏好方面具有强大的作用（Griskevicius et al.，2010）。了解面向社会的动机将进一步揭示个体绿色行为的普及性（Puska et al.，2018）。地位激活动机可以被视为面向社会的动机（Neel et al.，2016）。因此，本章将地位激活动机纳入研究框架中。

关于亲社会个体想要获得地位权力的观念表明，绿色行为（一种亲社会行为）可以是获得地位的可行策略（Griskevicius et al.，2010）。传统意义上，社会地位与奢侈行为相关联。这些行为消耗资源，显示一个人的财富、权力和影响力，从而表现其社会地位。然而，随着个体的环境意识提高，社会规范也随着绿色行为的文化和象征意义而改变（Uren et al.，2019）。值得注意的是，由于部分低努力程度绿色行为是由节俭而不是环保关切引起的，参与此类活动作为获得地位手段的象征力将减弱，他人会理解行动者无法负担更昂贵的选择（Sadalla，Krull，1995）。也就是说，地位激活动机对低努力程度绿色行为意愿的影响是负面的。因此，本章提出以下假设：

H4-4：地位激活动机消极影响低努力程度绿色行为意愿。

相反，基于成本信号理论的原则，进行高努力程度绿色行为的个体可能向他人传递一个信号，表明他们不是自私的个体，而愿意为他人的利益而牺牲，并拥有这样做的资源和财富（Puska，2019）。转而，传递绿色信号的信号发出者可以从信号接收者那里得到正面评价，并最终在同辈群体中获得更有利的待遇，从而在社交阶梯上升级（Puska，2019）。因此，高努力程度绿色行为可以表明一个人愿意放弃自己的资源以造福他人和社会，从而增强自身的社会地位。为了提高社会地位，个体更有可能参与高努力程度绿色行为。因此，地位激活动机

对高努力程度绿色行为意愿产生积极影响。因此,本章提出以下假设:

H4-5:地位激活动机将积极影响高努力程度绿色行为意愿。

4.2.4 社区社会资本的调节效应

社会资本的概念由布尔迪厄提出,并由普特南广泛传播(Liu et al.,2014)。尤其是,普特南将社会资本从个体层面提升到集体层面。根据普特南的定义,社会资本是社会组织的特征,它可以通过促进协调行动来提高社会效率(Putnam,1993)。社区社会资本被定义为社区内个体之间的社会联系,体现为社会网络、规范、社会信任以及对社区和公共事务的归属感,这些都有助于为公共利益进行集体行动(Wu et al.,2010)。这个概念标志着相互预期的互惠和对不合作行为的社会制裁(Cho,Kang,2017)。通常,社区社会联系的密度、公民规范的力度以及社会信任的程度被用来进行社区社会资本的构建。社区社会资本用于描述特定社区中个体如何互动以及这些互动如何同时惠及个体和社区(Brunie,2009)。培养社区社会资本可以鼓励个体和组织共同开展可持续发展倡议(Miller,Buys,2008)。

与个体层面的社会资本相比,集体层面的社区社会资本在社会维度上更进一步,强调社会联系和提高社区参与的效果(Kiss,2004)。作为社区环境活动的主要承担者,居民有可能受益于这种对社区社会资本的强调,这有助于管理本地自然资源和城市目的地与社区的和谐发展(Jones et al.,2009;Liu et al.,2014)。环保主义者普遍认为,只有在社区社会资本深厚且充足的情况下,居民才会广泛而自发地参与绿色行为(Atshan et al.,2020;Selman,2001)。鉴于社区社会资本的重要性,本章考察了社区社会资本对两种个人动机(即自我超越动机和地位激活动机)与低努力程度和高努力程度绿色行为意愿之间关系的调节作用。

然而,遵循外部规范和社区联系的倾向可能会抑制个人动机在行为中的表达(Bardi,Schwartz,2003)。例如,具有更高一致性倾向的个体更有可能遵循社会规范和外部期望。在这种情况下,个体可能会淡化或隐藏其真实的动机优先权,从而降低个人动机预测行为意愿的能力。因此,本章假设社区社会规范可能会削弱自我超越动机和地位激活动机对绿色行为意愿的影响力。换句话说,动机表达与社区社会资本之间存在不兼容性(Stolle,2003)。假设如下:

H4-6:社区社会资本负向调节自我超越动机对低努力程度和高努力程度

绿色行为意愿的影响。

H4-7:社区社会资本负向调节地位激活动机对低努力程度和高努力程度绿色行为意向的影响。

本章研究假设和多层模型如图4.1所示。

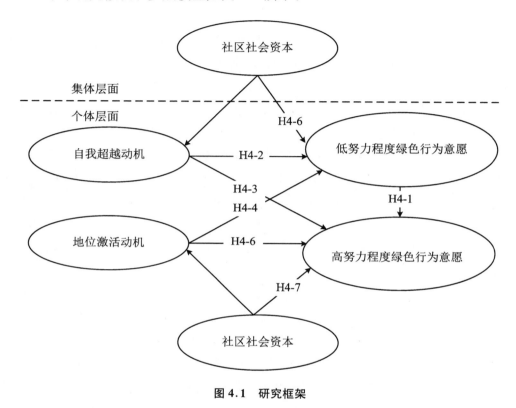

图4.1　研究框架

4.3　数据与方法

4.3.1　问卷调查

本研究采用问卷调查收集数据。在杭州、合肥、南京和上海4个城市选择了10个城市公园进行问卷调查。研究人员通过城市景观部门的帮助,获取了这4个城市主要城市公园附近社区的名称和分布。这些社区按顺序编号,并在本研究中形成了一个附近城市公园的社区池。从这些社区池中,通过随机数表随机选择了 20 个社区。在这 20 个社区的居民名单中,研究人员在社区委员会的协助下,采用随机抽样的方法随机选择了每个社区中的 30 名居民。在确认受访者愿意参与调查后,向他们分发了问卷。为了保护受访者的隐私,他们的答案是匿名的,不收集地址信息。共发放了 600 份问卷,其中 517 份为有效问卷。调查时间为 2019 年 6 月至 9 月。由于调查数据来自 4 个不同的城市,研究人员进行了卡方检验和 t 检验,以检验这些样本之间的差异(Wang et al.,2016;Wang et al.,2018)。结果表明,样本之间没有显著差异。

4.3.2　测量工具

本节初始问卷的题项是在以往文献的基础上进行调整的,为适应本研究的研究背景进行了一些措辞的修改。问卷采用了 5 点李克特量表,其中 1 表示强烈不同意,5 表示强烈同意。自我超越动机的 4 个题项是根据 Arciniega 等(2017)以及 Guillén 等(2015)的研究进行改写的。地位激活动机测量尺度的 4 个题项是参考 Ali 等(2019)以及 Tascioglu 等(2017)的研究进行修改的。基于 Ramkissoon 等(2013)和 Zhang 等(2018)的研究,我们采用了 4 个题项来测量低努力程度绿色行为意愿,同时采用了 3 个题项来测量高努力程度绿色行为意愿。社区社会资本的测量尺度包含了 5 个题项,这些题项是从 Ling 和 Xu (2020)以及 Liu 等(2014)的研究中提取的。除了每个构念的测量之外,初始问卷还包括性别、年龄、受教育水平和月收入等人口统计学问题。在初始问卷形成之后,研究团队邀请了 7 位可持续旅游和城市公园领域的专家,对初始问卷进行修订。最终版本的问卷是在上述专家的建议和反馈基础上获得的。附录中详细介绍了最终问卷的构念和题项。随后,在 50 名大学生中进行了最终问卷的试点调查,以测试测量题项的信度和效度。试点调查的结果表明,最终问卷中的构念和题项的信度和效度是可接受的。

4.4 数 据 分 析

4.4.1 信效度检验

表 4.1 显示了受访者的人口统计变量分布情况。受访者中男性与女性的分布占比为 56.5% : 43.5%。超过一半的受访者年龄在 50 岁以上。受访者的教育水平相对较低,拥有本科学历及以上的受访者比例仅为 35%。受访者的月收入水平也相对较低,超过 30% 的受访者月收入低于 5000 元。

表 4.1 样本统计信息

性别	频数	百分比	年 龄	频数	百分比
女性	225	43.5%	<18 岁	9	1.7%
男性	292	56.5%	18~30 岁	112	21.7%
			31~50 岁	126	24.4%
			>50 岁	270	52.2%
受教育水平	频数	百分比	月 收 入	频数	百分比
高中以下	193	37.3%	<5000 元	166	32.1%
高中/职高	99	19.1%	5000~10000 元	192	37.1%
大专	43	8.3%	10001~15000 元	79	15.3%
本科	94	18.2%	15001~20000 元	69	13.3%
硕士及以上	88	17.1%	>20000 元	11	2.2%

在进行后续分析之前,使用 Harman 的单因子检验检测了是否存在共同方法偏差。Harman 的单因子检验结果显示,所有测量项目不太可能在单一因子上载荷,因此在本章中共同方法偏差不是一个严重的问题(Chang et al.,2010)。此外,还检验了数据是否呈现正态分布,以确保符合结构方程模型的假设。所有题项的偏度绝对值均小于 3,峰度绝对值均小于 10。根据 Kline (1998)的标准,正态分布检验的结果表明数据没有显著偏离正态分布。表 4.2 总结了所有题项的偏度和峰度。

构念信度通过 Cronbach's α 值和组合信度(CR)进行测量。Cronbach's α 的值应至少为 0.70,CR 的值也应至少为 0.70(Ru et al.,2019;Wang et al., 2020)。根据表 4.2,构念的可靠性达到了标准,表明收集到的数据的内部一致性良好。收敛效度通过因子载荷和平均方差提取(AVE)进行测试。因子载荷的值应大于 0.70,AVE 的值应大于 0.50(Gao et al.,2017;Shammout,2007;Sun,Wang,2020)。表 4.2 中的结果显示,收敛效度是充分的。为确保良好的区分效度,AVE 的平方根应大于构念之间的相关系数。如表 4.3 所示,构念之间的区分效度符合基准值。

此外,拟合度指标的标准如下:$\chi^2/df < 3.00$,RMSEA<0.08,NFI>0.90,IFI>0.90,CFI>0.90,GFI>0.90。如表 4.2 所示,个体和集体水平模型的拟合度都很好。此外,社区社会资本是从城市公园附近社区内的个体居民的答案中汇总得到的,是一个集体水平变量。组内一致性系数(Rwg)和组内相关系数(ICCs)用于验证将个体层次数据汇总为集体层次的方法(Bliese,1998)。统计结果显示,社区社会资本的 Rwg 值为 0.89,ICC(1)值为 0.49,ICC(2)值为 0.83,所有值均满足 Rwg>0.70,ICC(1)>0.12 和 ICC(2)>0.70 的判断标准。

表 4.2　测量的信度和效度

构　念	偏　度	峰　度	因子载荷	α	CR	AVE
自我超越动机				0.79	0.86	0.61
STM1	−0.83	0.56	0.82			
STM2	−0.58	0.03	0.77			
STM3	−1.27	1.64	0.82			
STM4	−0.40	−0.10	0.72			
地位激活动机				0.77	0.86	0.60
ASM1	−0.44	0.44	0.83			
ASM2	−1.05	1.45	0.77			
ASM3	−0.60	0.50	0.77			
ASM4	−0.60	0.65	0.72			

续表

构　念	偏　度	峰　度	因子载荷	α	CR	AVE
低努力程度行为意愿				0.91	0.94	0.78
LEI1	−0.23	0.20	0.87			
LEI2	−0.42	0.32	0.84			
LEI3	−0.28	0.06	0.93			
LEI4	−0.25	0.12	0.90			
高努力程度行为意愿				0.89	0.93	0.81
HEI1	−0.29	0.45	0.91			
HEI2	−0.38	0.54	0.92			
HEI3	−0.21	0.28	0.87			
拟合度指数	$\chi^2/\mathrm{df} = 2.49$；RMSEA $= 0.076$；NFI $= 0.91$；IFI $= 0.90$；CFI $= 0.93$；GFI $= 0.94$					
社区社会资本				0.83	0.94	0.74
CSC1	0.60	0.30	0.86			
CSC2	0.38	0.08	0.84			
CSC3	−0.45	−0.10	0.89			
CSC4	0.10	−0.41	0.83			
CSC5	−0.45	−0.14	0.87			
拟合度指数	$\chi^2/\mathrm{df} = 1.96$；RMSEA $= 0.067$；NFI $= 0.92$；IFI $= 0.93$；CFI $= 0.93$；GFI $= 0.93$					

注:(1) CR = 组合信度;(2) α = Cronbach's α,AVE = 平均方差萃取值;(3) STM = 自我超越动机,ASM = 地位激活动机,LEI = 低努力程度绿色行为意愿,HEI = 高努力程度绿色行为意愿,CSC = 社区社会资本;(4) RMSEA = 近似误差均方根,NFI = 标准适配指数,IFI = 增量适配指数,CFI = 比较适配指数,GFI = 拟合优度指数。

表 4.3　相关系数和 AVE 值的平方根

	均值	标准差	STM	ASM	LEI	HEI
个体层面						
STM	3.99	0.71	**0.78**			

续表

	均值	标准差	STM	ASM	LEI	HEI
ASM	3.91	0.65	0.42	**0.77**		
LEI	3.70	0.74	0.35	-0.22	**0.88**	
HEI	3.61	0.69	0.37	0.32	0.44	**0.90**
集体层面						
CSC	3.85	0.73	**0.86**			

注：加粗的元素是 AVE 的平方根。

4.4.2　假设检验

为了测试多层次假设，研究团队使用 HLM 7.0 软件对集体和个体水平的变量进行多层次线性模型（HLM）分析。首先，建立了没有任何预测变量的零模型（模型 1）。模型 2 检验了人口统计变量（年龄、受教育水平、性别和月收入）对低努力程度和高努力程度绿色行为意愿的影响。与模型 2 相比，模型 3 检验了自我超越动机和地位激活动机对低努力程度和高努力程度绿色行为意愿的直接影响。同时，在模型 3 中还考虑了低努力程度绿色行为意愿对高努力程度绿色行为意愿的溢出效应。在模型 3 的基础上，模型 4 考虑了集体水平变量的影响。与模型 4 相比，将两个个人动机和社区社会资本的交互项添加到模型 5 中。由于研究框架中有两个解释变量，即低努力程度和高努力程度绿色行为意愿，因此采用了分步 HLM 过程来测试多层次模型。HLM 分析结果总结在表4.4 和表 4.5 中。

如表 4.4 所示，模型 2 中，教育水平对低努力程度绿色行为意愿有显著正向影响，表明教育水平越高，参与低努力程度绿色行为意愿越强。然而，月收入对低努力程度绿色行为意愿有显著负向影响。上述结果与常识一致。教育水平较高的个体往往具有较高的环境意识和环境知识，因此更愿意参与低努力程度绿色行为。正如在假设推演中提到的，低努力程度绿色行为通常与节约成本有关。收入较低的个体倾向于更关注生活成本节约，并更愿意参与低努力程度绿色行为（Wang et al.，2011）。值得注意的是，人口统计变量对高努力程度绿色行为意愿的影响不显著（如表 4.5 中的模型 2）。

如表 4.4 中的模型 3 所示，自我超越动机对低努力程度绿色行为意愿有显著正向影响,支持了 H4-2($\gamma = 0.19, p < 0.01$)。地位激活动机对低努力程度绿色行为意愿的影响也是显著正向的,因此不支持 H4-4($\gamma = 0.54, p < 0.01$)。根据表4.5中的模型3,自我超越动机和地位激活动机对高努力程度绿色行为意愿的影响也都是显著正向的,从而验证了 H4-3($\gamma = 0.14, p < 0.01$)和 H4-5($\gamma = 0.65, p < 0.01$)。通过比较发现,自我超越动机对高努力程度绿色行为意愿的影响($\gamma = 0.14$)较其对低努力程度绿色行为意愿的影响($\gamma = 0.19$)要小。这一发现表明,当绿色行为需要较大的成本或努力时,自我超越动机的推动效应可能会减弱。此外,低努力程度绿色行为意愿对高努力程度绿色行为意愿有显著正向影响,支持 H4-1($\gamma = 0.50, p < 0.01$)。

根据表4.4和表4.5中的模型5,社区社会资本分别对自我超越动机和地位激活动机对低努力程度和高努力程度绿色行为意愿产生负向调节作用,验证了 H4-6($\gamma = -0.06, p < 0.05$;$\gamma = -0.07, p < 0.05$)和 H4-7($\gamma = -0.07, p < 0.05$;$\gamma = -0.06, p < 0.05$),尽管负面效应相对较弱。根据表4.4和表4.5中的模型4,社区社会资本积极影响居民的低努力程度和高努力程度绿色行为意愿($\gamma = 0.11, p < 0.01$;$\gamma = 0.08, p < 0.05$)。研究结果表明,社区社会资本将抑制个人动机的自由表达,同时增加居民的整体绿色行为意愿水平。

表4.4 HLM 分析结果(低努力程度绿色行为意愿)

	模型 1	模型 2	模型 3	模型 4	模型 5
零模型					
截距	0.72**	3.88**	0.55**	0.99**	1.04**
控制变量					
性别		-0.08	-0.07	-0.07	-0.07
年龄		0.01	-0.01	-0.01	-0.01
受教育水平		0.05*	0.06*	0.07*	0.07*
月收入		-0.05*	-0.05*	-0.05*	-0.05*
个体层面直接效应					
STM			0.19**	0.18**	0.33**
ASM			0.54**	0.52**	0.46**
集体层面变量					

续表

	模型 1	模型 2	模型 3	模型 4	模型 5
CSC				0.11**	0.13**
跨层面交互					
STM×CSC					−0.06*
ASM×CSC					−0.07*
R^2		0.003	0.49	0.50	0.51

注：* $p<0.05$；** $p<0.01$。

表 4.5 HLM 分析结果（高努力程度绿色行为意愿）

	模型 1	模型 2	模型 3	模型 4	模型 5
零模型					
截距	0.71**	3.84**	1.11**	1.42**	1.64**
控制变量					
性别		0.02	0.07	0.06	0.07
年龄		−0.02	−0.03	−0.03	−0.03
受教育水平		−0.05	0.04	−0.04	−0.04
月收入		−0.02	−0.02	−0.02	−0.02
个体层面直接效应					
STM			0.14**	0.14**	0.19**
ASM			0.65**	0.62**	0.46**
LEI			0.50**	0.49**	0.48**
集体层面变量					
CSC				0.08*	0.13**
跨层面交互作用					
STM×CSC					−0.07*
ASM×CSC					−0.06*
R^2		0.008	0.46	0.47	0.47

注：* $p<0.05$；** $p<0.01$。

4.5　结果讨论与总结

　　本章深入研究了自我超越动机和地位激活动机对城市公园附近居民低努力程度和高努力程度绿色行为意愿的影响。研究结果表明,自我超越动机对城市公园附近居民的低努力程度和高努力程度绿色行为意愿有积极而显著的影响。这一发现与 Barbarossa 等(2017)以及 Zelenski 和 Desrochers(2021)的观点一致,他们强调了自我超越价值在环境行为中的关键作用。然而,该结果与 Hong 等(2019)认为的非物质动机对居民的节能行为影响不显著的结论相反。这种不一致可能可以用城市公园环境的特殊性质来解释。城市公园附近的居民有义务关心他们的生活环境,因此更愿意将他们的动机与保护城市公园环境的行为意愿相匹配。这一结论在当前背景下为理解城市公园附近居民的绿色行为提供了新的证据。

　　与此同时,地位激活动机积极影响城市公园附近居民的低努力程度和高努力程度绿色行为意愿。这些研究结果验证了 Griskevicius 等(2010)和 Noppers 等(2014)的研究,他们强调了地位动机在绿色行为中的重要性。然而,最初假设地位激活动机对低努力程度的绿色行为意愿有负面影响。其潜在原因可能是个体对低努力程度的绿色行为有了新的理解,不再将奢侈和资源浪费视为地位的表现。因此,本章揭示了保护环境的低努力程度绿色行为也是展示社会地位和生态友好形象的方式之一。

　　此外,本章还探讨了低努力程度绿色行为意愿是否积极影响高努力程度绿色行为意愿。研究结果表明,低努力程度和高努力程度绿色行为意愿之间存在积极的溢出效应,这与 Ramkissoon 等(2013)的先前研究一致。然而,Ramkissoon 等(2013)表明,低努力程度和高努力程度绿色行为意愿之间的显著关联来自基于探索性因子分析的事后研究问题。本章通过定量分析提供了低努力程度和高努力程度绿色行为意愿之间的积极溢出效应的实证证据。

　　同时,本章还检验了社区社会资本的调节效应。社区社会资本在自我超越动机和地位激活动机与低努力程度和高努力程度绿色行为意愿之间的关系中扮演负向调节作用的角色。这一发现与 Ling 和 Xu(2020)一致,即社区社会资本对价值优先级和公共行为之间的联系起到了负向调节作用。这一结果表明,个人动机和社区社会资本之间存在不兼容性。文献中关于个人动机与社区社会资本之间不兼容关系的研究还存在不足,本章在城市公园背景中提供了个人动机与社区社会资本之间不兼容性的实证支持。

根据本章研究结论,为城市公园和社区的政策制定者以及管理者提出如下实践建议。首先,公园和社区管理者可以采取措施(如组织宣传讲座)来提升附近居民的环境意识,并认识到低努力程度和高努力程度绿色行为意愿之间的正向溢出效应。应加强对低努力程度绿色行为的宣传和鼓励,以最大化其对高努力程度绿色行为的正向溢出效应。同时,也应相应地支持高努力程度绿色行为。例如,参与环保志愿活动的居民应该得到认可,从而增强他们参与高努力程度绿色行为的意愿。其次,政策制定者和公园管理者可以针对不同类别的绿色行为制定不同的政策和干预措施,而不是采取一刀切的策略。然而,个人动机和社区社会资本的不兼容性可能会威胁到相关政策和干预措施的实施效果。实践者应该分析自己的城市公园和社区的实际情况,然后采取相应的措施。再次,尽管社区社会资本和个人动机不兼容,但社区社会资本仍然对居民的绿色行为意愿有积极影响。在宣传和教育中,应同时考虑社会资本的形成和内在动机的表达。例如,在社区中,应鼓励广泛的人际关系和培养通用的互惠规范,同时鼓励居民自由陈述他们的行为倾向和意见(Macias,Williams,2016)。有必要最大限度地减少社区社会资本对个人动机的抑制作用,找到二者之间的平衡点,以便同时发挥社区社会资本和个人动机对居民低努力程度和高努力程度绿色行为意愿的积极促进作用。最后,为了维护城市公园和社区的可持续发展,越来越多的社区居民应该参与环保活动(Aljerf,Choukaife,2016)。参与环保活动的居民可以加强社交网络和机构,增强社会凝聚力和使命感。参与环保活动的居民之间的频繁互动和交流也有助于促进相互信任和理解,有利于社区和谐(Liu et al.,2014)。因此,社区应该组织更多的环保活动,鼓励附近居民参与其中。

值得注意的是,本章存在如下局限性:首先,研究框架中的两种个人动机是基于环境关切和社会取向的视角构建的,并未考虑到绿色行为的经济方面。然而,经济动机对于参与绿色活动至关重要,应在后续研究中进一步加以考虑。其次,本章的研究对象是城市公园附近的居民。其他公园使用者并未包含在样本中,而这些使用者在城市公园的发展中同样发挥着不可或缺的作用。在未来的研究中,可以选择其他公园使用者作为研究重点,还可以对附近居民和其他公园使用者之间的差异进行比较和分析。再次,本章的样本群体来自我国。在集体主义文化下,人们不太愿意表达自己的个人动机。这可能会夸大社区社会资本的负面影响。因此,在后续的研究中应考虑文化因素的影响。最后,本章仅使用自我报告方法调查了低努力程度和高努力程度绿色行为意愿。未来的研究应进一步尝试运用其他方法对低努力程度和高努力程度绿色行为进行度量。更重要的是,未来的研究还应探索绿色行为的其他子类别,以确保其分类的准确性。

第 5 章

感知可持续氛围视角下旅游地
居民绿色行为影响机理研究

5.1 引　言

随着经济的崛起和社会的进步，人们追求更高层次的享受和发展需求，这带来了旅游业的蓬勃发展（Liu et al.，2019；Wang et al.，2018）。随着旅游业的繁荣，游客数量不断增加，这不仅提升了旅游地的经济效益，还引发了旅游地的一系列环境问题（Ren et al.，2021）。这些环境问题包括产生更多垃圾、由于游客入住酒店而增加的能源消耗，以及由于交通工具数量增加而导致的二氧化碳排放增加等（Katircioglu et al.，2014）。现有的文献主要关注游客的绿色行为，以减轻旅游地的环境损害（Choi，Kim，2021；Lee et al.，2021；Xu et al.，2020），而从旅游地当地居民的视角来研究尚不充分。

现有文献指出，旅游地居民与环境退化方面有着显著的相关性（Wang et al.，2020）。旅游地居民的生活和娱乐活动与旅游地息息相关，因为他们通常居住在或旅游地中或旅游地附近（Kelly et al.，2007）。特别是，旅游地居民的非绿色行为和非环保生活方式对旅游地的可持续发展产生的负面影响是不容忽视的。此外，旅游地居民的绿色行为对提高他们自己社区的可居住性很重要。因此，旅游地开始通过鼓励当地居民进行自愿的绿色行为来实现旅游地的可持续发展（Guo et al.，2018）。此外，旅游地管理者对环境问题的关注不断增加，使得旅游地的利益相关者（包括当地居民），对旅游地的可持续发展产生了兴趣（Su et al.，2020）。许多管理者和决策者已经在情境层面制定了相应的政策、法规和沟通措施，希望形成与日俱增的积极的公众情绪氛围，并制定环境策略以回应利益相关者对环境问题的关切（Balaji et al.，2019）。

当个体决定是否采取绿色行为时，他们会从周围环境中获取线索（Leung，Rosenthal，2019）。先前的研究已经表明，政策、法规和沟通努力能够鼓励绿色行为（Leung，Rosenthal，2019），这可以被视为一种将形成可持续氛围的情境因素。现有关于可持续氛围的文献主要集中在两个方面。一方面，各种关于绿色行为的研究通常将可持续氛围视为调节变量（Lülfs，Hahn，2014；Wang et al.，2020）。另一方面，个体对情境因素的感知对于激励行为同样重要（Norton et al.，2014）。例如，实施可持续政策和法规并不能保证旅游地居民感受到与旅游地可持续发展相关的积极氛围。因为旅游地居民可能会将这些政策和法规视为表面的,或者是为了试图实现管理者自身的利益,而不是为了促进旅游地的环境效益(De Roeck,Delobbe,2012)。然而,对上述政策和法规的感知则可以塑造个体采取行为的能力,以及使认知过程和行为的态度更加突出,从而促进或抑制个体行为(Leung,Rosenthal,2019)。

有限的文献已经将感知可持续氛围视为情境前因,以探索其对个体绿色行为的直接影响。探索旅游地居民对可持续氛围的感知以及产生积极结果的过程,有助于旅游地管理者提高他们的环境工作效率,并吸引其他利益相关者为旅游地的可持续发展作出贡献。在实践中,环境态度与绿色行为之间仍然存在不一致性(Shepherd et al.,2013;Wang et al.,2018)。居民在意识到和关注环境问题的同时,不采取任何行动的悖论在现实中依然存在(Ozaki,2011)。无论学者和从业者如何努力,如果居民不采取绿色行为和生活方式,那么所有努力都将徒劳无功(Wu et al.,2013)。从情境因素感知的视角来探究旅游地居民的绿色行为可能为态度与行为之间的差距提供新的解释(Zollo et al.,2018;Bamdad,2019)。因此,本章将从情境因素感知的视角出发,探究感知可持续氛围对旅游地居民绿色行为的影响机理。

采用刺激-有机体-反应(S-O-R)模型作为框架,本章考察了个体接收到的刺激(S)、个体对其产生的情感(O)以及随后的反应(R)之间的关系(Mehrabian,Russell,1974)。具体而言,本章探讨了感知可持续氛围(S)在旅游地居民的绿色行为(R)中的作用,并进一步理解了这种影响的潜在机制(O)。感知环境责任、环保热情和环境承诺被这三个构念选为解释感知可持续氛围与绿色行为之间关系的潜在机制。此外,由于人类的社会性质,当个体比较关注社会比较信息时,他们将倾向于关心他人对其行为的看法。为了以积极的形象呈现自己,这些个体愿意与他人的行为准则保持一致,并使用这些准则来指导自己的行为(Zou,Chan,2019)。考虑到社会比较信息关注度(Attention to Social Comparison Information,ATSCI)对塑造个体行为的重要影响,本章将ATSCI视为边界条件,力求分析 ATSCI 对感知可持续氛围与旅游地居民绿色行为之间关系的调节效应。

本章的研究成果总结如下。首先,引入了旅游地特定的情境前因,以认识外部环境在行为决策过程中的直接影响,从而扩展了有关可持续氛围的现有文献。其次,本章探讨了感知可持续氛围如何影响旅游地居民绿色行为,以及在何边界条件下是如何影响旅游地居民绿色行为的。它有助于政策制定者和旅游地管理者制定有针对性的绿色行为培育政策和干预措施,以培养旅游地居民的绿色行为模式，从而减少他们日常行为的环境成本。再次，将 ATSCI 作为调节变量引入，本章首次尝试考察 ATSCI 在调节感知可持续氛围与旅游地居民的绿色行为之间关系中的作用，从而扩展了 ATSCI 在旅游地可持续发展领域中的应用。同时，情感（环保热情和环境承诺）和理性（感知环境责任）反应被纳入 S-O-R 框架，为解释旅游地居民绿色行为提供了更全面的解释，并扩展了 S-O-R 模型在该领域的应用。对情境前因的情感和理性反应可能也会鼓励从业者不仅考虑理性措施，还要考虑情感效益，如幸福感和满意度等，这可以提高旅游地居民的精神生活质量。

5.2　研究框架与假设

5.2.1　刺激-有机体-反应(S-O-R)框架

本章的概念框架源于 Mehrabian 和 Russell(1974)提出的刺激-有机体-反应(S-O-R)框架。S-O-R 框架表明，特定的环境信号（刺激）直接影响个体的认知和情感状态（有机体），从而引发接近或回避行为（反应）(Balaji et al.，2019)。刺激(S)是影响个体认知和情感状态的决定因素。在个体决策过程中，刺激(S)可以被概念化为与随后的决策相关的情境因素(Peng，Kim，2014)。有机体(O)指的是刺激和反应之间的内部过程。从本质上讲，内部过程包括个体的"情感、知觉和思维活动"，具体包括个体的认知和情感(Vieira，2013)。反应(R)涉及最终的结果或行为。也就是说，个体通过三个步骤做出行为决策：当个体被环境刺激(S)激发时，他们会引发心理评价(O)，最终生成行为反应(R)。

S-O-R 框架在绿色行为领域得到了验证(Su，Swanson，2017)。该框架为个体情感和理性变化以及绿色行为提供了很好的解释(Xu et al.，2020)。在本章中，感知可持续氛围（刺激）引发旅游地居民的情感和理性状态，如感知环境责任、环保热情和环境承诺（有机体），进而导致参与绿色行为（反应）。由于绿色行为受到动机、理性和情感过程的驱动(Yadav et al.，2019)，本章期望采用 S-O-R 框架，以更详细地了解旅游地居民的绿色行为。

5.2.2　感知可持续氛围

感知可持续氛围被视为影响个体态度和行为的主要情境因素,广泛应用于环境保护领域的文献中(Das et al.,2019)。已有研究考察了感知可持续氛围在单一组织视角下的影响,例如在工作场所(Robertson,Barling,2013;Leung,2018)。然而,旅游地是指提供旅游服务的地理位置,包括游客所需的服务提供者和基础设施(Buhalis,2000)。多个与旅游相关的部门(如酒店、交通和旅游运营)都包括在旅游地内(Su et al.,2018)。旅游地居民的感知和认同基于旅游地所有部门的集体活动。可见,可持续氛围在单一组织视角中的概念并不完全适用于旅游地。因此,本章将"感知可持续氛围"定义为旅游地居民是否认为旅游地在促进可持续发展方面的努力是积极而真实的(Leung,Rosenthal,2019),以适用于旅游地管理领域。其目标之一是通过整合可持续政策和可持续相关的传播策略来实现旅游地的可持续发展(Leung,2018)。感知可持续氛围可以为旅游地居民提供哪些行为将在旅游地受到赞扬、支持和奖励的线索。

个体被激励采取绿色行为来保护自然环境,但他们的期望行为可能会受到给定情况下的外部环境的影响。当个体感知到在特定情况下支持或赞扬某种行为时,他们将更有可能实施期望的行为。同样,当旅游地居民感知旅游地积极推动可持续发展并鼓励绿色行为,如果强化可持续政策和环境保护宣传,那么他们将更积极地参与与可持续政策和倡导相关的绿色行为。以前的文献为感知可持续氛围与个体参与环保活动之间的联系提供了证据。例如,Salvador和 Burciaga(2020)以及 Das 等(2019)的研究认为,对环保氛围的感知直接促进了个体参与环境保护项目。因此,基于上述观点,本章提出以下假设:

H5-1:感知可持续氛围对旅游地居民绿色行为的影响是积极正向的。

5.2.3　社会比较信息关注度(ATSCI)

社会比较信息关注度(ATSCI)是指个体监控他人行为和评价的程度,并将这些信息用于指导自己的行为(Zou,Chan,2019)。倾向于关注社会比较信息的个体更有可能关心大多数人是否认为他们的特定行为是好的或可取的(Snyder,1974)。换句话说,个体会在 ATSCI 影响下对自己的行为和思想进行控制,以便传达和维护积极的自我形象(Snyder,1974)。个体参与环保活动的原因之一可能是考虑到 ATSCI。因此，个体的环保活动可能受到关注社会比较信息的影响。特定行为的社会比较信息由其他人的评价和通过公共传播或广告表达的观点共同推动（Bearden，Rose，1990）。正如前文所提到的，如果旅游地居民感知到来自旅游地对环境保护的积极支持和期望，那么他们就更有可能在环保方面采取期望的行为。类似的，当居民感知旅游地积极推动可持续发展并鼓励绿色行为时，他们会更积极地参与绿色行为，以响应旅游地可持续政策和倡导。因此，旅游地居民在感知可持续氛围方面的关注程度越高，他们越有可能参与绿色行为。在这种思路下，本章提出以下假设：

H5-2：ATSCI 正向调节感知可持续氛围与旅游地居民绿色行为之间的关系。

5.2.4 环境承诺、环保热情、感知环境责任

在本章中，承诺是一种心理状态，通常包含驱使行为持续和保持关联的情感和思想，强调通过心理依恋来维护关系（He et al.，2018）。具体而言，本章将环境承诺定义为对自然环境的心理依恋和长期导向（Davis et al.，2011）。兑现承诺需要外部条件的帮助。个体承诺进行某种行为往往需要在外部环境的支持下形成。可持续氛围可能会引发旅游地居民热情、心理依恋和参与生态保护的愿望（Lee，2011）。可持续氛围可以塑造一个有利于旅游地可持续发展的氛围，从而增强旅游地居民的环境承诺。也就是说，当感知可持续氛围水平较高时，个体的环境承诺水平将提高。因此，本章提出以下假设：

H5-3：感知可持续氛围对环境承诺的影响是积极正向的。

个体的热情被描述为一种积极情感，这种积极情感可能会激发个体参与活动或维持与目标相关的关系（Robertson，Barling，2013）。本章将环保热情定义为使个体渴望参与环保实践的积极情感（Afsar et al.，2016）。情感激发常常依赖于外部支持（Koole，Fockenberg，2011）。如果个体感知到来自外部环境对某种行为的支持或评价，那么他们对该行为的积极情感将被唤起。也就是说，如果旅游地居民明确感知到旅游地支持或期待可持续发展，他们参与保护旅游地环境的环保热情将增加。Fisk 等（2011）指出，个体在感知到外部刺激和支持时可能会体验到更多的积极情感。Rego 等（2010）认为，心理氛围对组织公民行为领域的情感和热情具有重要意义。那么，在本章中，旅游地居民在旅游地环境中感知到积极支持和期望时，他们的环保热情会增强。因此，本章提出以下

假设：

H5-4：感知可持续氛围对环保热情的影响是积极正向的。

在本章中，感知环境责任被定义为旅游地居民确保自己的行为不会对他人或自然环境造成不利影响的个人责任意识（Wang et al.，2019）。从事绿色行为可能需要牺牲一些时间和资源，如为绿色产品支付更多的金钱（Zelezny et al.，2000）。当旅游地创造出可持续氛围时，旅游地居民更有可能形成对旅游地环保的积极态度，从而更愿意为减少人类活动对环境的危害而付出时间和精力（Bonilla-Priego et al.，2014）。如果一个旅游地建立了可持续氛围，那么旅游地居民可能会认为他们也有责任保护旅游地环境。如果这些居民没有参与此类环保活动，那么他们将感到压力（Tang et al.，2019）。因此，鼓励性的可持续性氛围是提高个体环保责任意识的关键因素。个体感知外部环境的可持续氛围得分越高，个体保护环境的责任意识就越容易觉醒和增强。换句话说，当个体感知到他们所处的环境支持或赞扬他们为环境可持续性而付出的努力时，他们的责任感将增强。基于这种理解，本章提出以下假设：

H5-5：感知可持续氛围对感知环境责任的影响是积极正向的。

5.2.5　环保承诺、环保热情、感知环境责任与绿色行为

承诺理论为我们提供了深入理解个体如何认同目标，并将这种认同转化为行为的有力框架（Meyer，Herscovitch，2001）。在这个理论中，承诺不仅代表了个体对特定目标的情感依恋，还反映了他们愿意为支持和实现这一目标所付出的努力（Cantor et al.，2015）。这一理论对于探讨个体在绿色行为中的参与和影响机制提供了有益的启示。正如先前的研究所提出的，那些承诺参与环保实践的个体往往会在可持续性目标方面作出积极贡献（Ertz et al.，2016）。

在本章中，我们借鉴了承诺理论的核心思想，并将其运用于旅游地居民对环境的情感依恋，以探讨这种情感依恋如何影响他们的认知和行为。基于承诺理论，我们认为，当个体情感依恋于旅游地环境，并将其视为自身的一部分时，他们更有可能采取实际行动来保护旅游地环境（Ertz et al.，2016）。因此，那些在情感上更为依恋旅游地环境的个体，将更有可能参与积极的绿色行为。根据上述论述，本章提出以下假设：

H5-6：环境承诺对旅游地居民绿色行为的影响是积极正向的。

根据承诺理论，情感依恋确实为个体认同特定目标和行为提供了更多的能

量。这种能量源于积极的情感,例如愉悦和欢愉,这些情感有助于积极影响个体参与环保实践和行动(Robertson,Barling,2013)。积极情感能够激发个体的环保热情,从而鼓励他们对环保目标进行情感投入,愿意承诺采取积极行动来实现这一目标。在当前的研究背景下,特别是针对旅游地居民,对旅游地环境怀有高度的环保热情可能会成为驱动其绿色行为的关键因素。以此为基础,Afsar 等(2016)的研究揭示了环保热情在积极地预测个体绿色行为方面的作用。他们的发现表明,个体越是激发环保热情,越有可能参与各种绿色行为,从而为保护环境作出贡献。类似的,Robertson 和 Barling(2013)的研究结果也支持了这一观点,他们指出个体的环保热情不仅是积极的,而且是影响绿色行为的重要预测因素。

基于这些相关研究成果,我们在当前研究中提出了一个假设,即环保热情将会显著预测旅游地居民参与绿色行为的程度。也就是说,那些在情感上更为投入、对保护旅游地环境抱有高度热情的居民,更有可能在实际生活中采取积极的绿色行为。所提假设如下:

H5-7:环保热情对旅游地居民绿色行为的影响是积极正向的。

规范激活理论为深入探讨个体感知环境责任与其绿色行为之间的关系提供了一种科学的理论解释。根据这一理论,个体在认识到环境后果的有害性并对这些后果感到责任时,更有可能采取积极的环保行动。具体而言,当个体感到应该对自己的环境影响负责时,他们倾向于在日常生活中采取措施,例如避免使用一次性产品,以减少他们的环境足迹。在这种情况下,感知环境责任的程度越高,个体更愿意付出精力和努力参与绿色行为,以减缓他们的活动对环境的不良影响。

因此,根据规范激活理论,我们可以预期感知环境责任程度与旅游地居民的绿色行为之间存在正向关系。具体来说,当旅游地居民越认识到他们的行为对环境产生的影响,并认为他们有责任减少这些不良影响时,他们越有可能在日常生活中采取实际行动,以减少环境损害。这种关系意味着感知环境责任程度高的个体更有可能在选择消费、减少浪费以及采纳可持续生活方式等方面表现出绿色行为。因此,本章提出如下假设:

H5-8:感知环境责任对旅游地居民绿色行为的影响是积极正向的。

在上述理论框架的指导下,本章试图揭示感知可持续氛围、ATSCI、环境承诺、环保热情以及感知环境责任等因素在影响旅游地居民绿色行为方面的作用。具体来说,通过分析和验证上述假设,本章旨在揭示感知可持续氛围如何影响旅游地居民的绿色行为,并探讨 ATSCI 在其中的调节作用。此外,本章还试图深入了解感知可持续氛围对环境承诺、环保热情和感知环境责任的影响。通过揭示这些关系,本章将有助于加深对旅游地居民绿色行为决策背后影响机制的理解,并为旅游地管理和可持续发展提供实践建议。

本章研究假设和多层模型如图 5.1 所示。

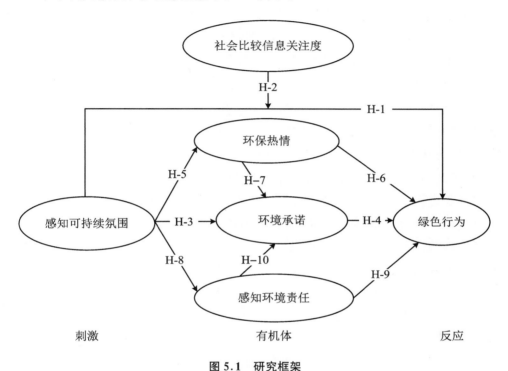

图 5.1　研究框架

5.3　数据与方法

5.3.1　测量方法

本章采用问卷调查法收集数据。问卷题项是根据先前的文献进行调整的,其中一些措辞略有修改以适应本章的研究背景。感知可持续氛围的测量包含了来自 Norton 等(2015)以及 Norton 等(2014)的 5 个题项。环保热情的度量通过调整 Li 等(2020)以及 Afsar 等(2016)的 5 个题项来进行测量。感知环境责任的 4 个题项改编自 Wang 和 Lin(2017)以及 Paço 和 Gouveia Rodrigues (2016)的研究。采用 Cantor 等(2015)以及 Wang 等(2020)的 4 个题项来衡量环境承诺构念。采用 Zou 和 Chan(2019)以及 Heaney 等(2005)研究中的 3 个题项用于测量 ATSCI 这一构念。至于绿色行为的度量，基于 Liu 等(2014)以及 Zhang 等(2014)的研究最终确定了 4 个题项。问卷采用 5 点李克特量表，其中 1 代表"从不"，5 代表"总是"，用于测量绿色行为。其余的测量题项也采用了 5 点李克特量表，其中 1 表示"强烈不同意"，5 表示"强烈同意"。

问卷的初始版本为英文，为确保翻译的准确性，采用了反向翻译的方法。第一步是将初始的英文问卷翻译成中文。第二步是由中英双语人士将中文版本再次翻译成英文。在第三步中，另一位双语人士评估了 2 个英文版本的问卷，以避免在翻译过程中产生歧义。翻译完成后，调研人员邀请了 7 位旅游管理领域的学者对翻译后的问卷进行审查。根据这些学者的建议和反馈，调研人员对问卷进行了修订，然后得到了问卷的最终版本。此外，还选择了 70 名大学生进行试点调研，以评估问卷的构念和题项的信度和效度。试点调研的结果表明，最终问卷的构念和题项具有良好的信度和效度。附录中展示了问卷的构念和题项的详细信息。

5.3.2　数据收集

本次调查的潜在受访者是生活在安徽省黄山市黟县的西递和宏村两个古村落的旅游地居民。作为中国较早发展起来的旅游村落之一，旅游业已经取代了农业成为西递和宏村的主导产业(Na，2019)。这两个古村落的大多数当地居民主要集中在核心景区，通过开设农家乐、小店铺以及服务设施(如餐馆和酒店)谋生。这些旅游地居民在日常生活和生计中的一些环境有害行为，比如随意排放污水和乱扔垃圾，对两个村落的环境质量造成了巨大的威胁。

为确保受访者答案的真实性，调研人员在进行调查前接受了培训。调研人员被告知在调查过程中不能提示或提醒受访者如何回答调查的问题。受访者被邀请自愿参与调查，并承诺他们的隐私信息和答案不会被透露。调研人员首先询问个体是否是当地居民，以及是否愿意参与调查。一旦回答肯定，就会将问卷交给受访者。在受访者填写问卷之前，调研人员详细介绍了调研的目的以及他们的绿色行为的重要性(如有助于旅游业的发展、改善当地社区的生活能力等）。为了能够更多地接触到当地居民，调研人员寻求了当地社区居民委员会的帮助。在他们的帮助下，当地居民更愿意合作，参与调研。为了提高回应率和居民的参与度，调研人员考虑到他们日常生活和行为的规律，将调研安排在晚上进行。本次调研的时间跨度从 2019 年 7 月至 10 月。总共收集了 652份有效问卷。

5.4　数据分析

5.4.1　受访者概况

在调查的受访者中，男性稍多于女性，比例为 51.4%。年龄在 18～30 岁的受访者占 30.2%，年龄在 31～50 岁的比例为 39.7%，年龄超过 50 岁的比例为30.1%。55.5%的受访者拥有高中/职业学校学历，28.4%的受访者的受教育水平低于高中，上过大专的受访者比例为 9.5%，拥有本科学历的受访者占5.2%，而获得硕士或更高学位的受访者占 1.4%。在月收入方面，大约四分之三的受访者每月收入在 3000～8000 元。表 5.1 总结了受访者的人口统计特征。

表 5.1　样本特征

性别	频数	百分比	年　龄	频数	百分比
女性	317	48.6%	18～30 岁	197	30.2%
男性	335	51.4%	31～50 岁	259	39.7%
			>50 岁	196	30.1%
受教育水平	频数	百分比	月　收　入	频数	百分比
高中以下	185	28.4%	<3000 元	194	29.8%
高中/职高	362	55.5%	3000～5000 元	289	44.3%
大专	62	9.5%	5001～8000 元	107	16.4%
本科	34	5.2%	8001～10000 元	50	7.7%
硕士及以上	9	1.4%	>10000 元	12	1.8%

本章使用 Harman 的单因素测试来评估共同方法偏差的问题。结果表明，所有测量题项不太可能加载在一个单一因素上，这表明共同方法偏差在本章中

不是一个严重的问题(Chang et al.,2010)。此外,在测试结构方程模型(SEM)之前,我们进行了正态分布检验,以确保满足 SEM 的假设。偏度的绝对值都在3以下,峰度的绝对值都在 10 以下。根据 Kline(1998)的研究,上述结果表明数据没有显著偏离正态分布。

5.4.2　测量模型分析

本章进行了两步分析过程,以确认用于回答研究问题的研究假设。第一步是验证性因子分析(CFA)。提出的假设在第二步中进行了验证。测量模型的拟合度见表 5.2。根据 Hu 和 Bentler(1999)提出的标准,测量模型的所有指标都满足要求。Cronbach's α 值和组合信度值被广泛用于测量信度(Shammout,2007)。表 5.3 表明 Cronbach's α 值的范围在 0.859～0.870,高于 0.70 的基准。此外,组合信度值也都高于 0.70 的阈值。这表明用于测量本研究构念题项的内部一致性良好。在效度分析中采用了收敛效度和判别效度。具体来说,使用因子载荷和平均方差提取(AVE)来衡量收敛效度。根据表 5.3,所有题项的载荷为 0.819～0.891,高于 0.70 的标准。所有构念的 AVE 值都大于 0.50的阈值。这些结果表明所有构念的收敛效度能够满足要求。通过将构念的相关系数与 AVE 的平方根进行比较,可以测试判别效度。如表 5.4 所示,构念测量的判别效度很好。

表 5.2　测量模型的适应度

指　　　标	标　　准	判断
$\chi^2/\mathrm{df} = 2.903$	<3.000	是
近似误差均方根(RMSEA) = 0.076	<0.080	是
拟合优度指数(GFI) = 0.913	>0.900	是
规范适配指数(NFI) = 0.971	>0.900	是
增值适配指数(IFI) = 0.977	>0.900	是
Tucker-Lewis 指数(TLI) = 0.973	>0.900	是
相对拟合指数(CFI) = 0.977	>0.900	是

表 5.3　测量模型结果

构　　念	因子载荷	Cronbach's α	CR	AVE
感知可持续氛围		0.870	0.934	0.738
PSC1	0.891			
PSC2	0.832			
PSC3	0.843			
PSC4	0.838			
PSC5	0.889			
环保热情		0.864	0.925	0.713
EP1	0.854			
EP2	0.849			
EP3	0.851			
EP4	0.848			
EP5	0.819			
感知环境责任		0.869	0.908	0.712
PER1	0.852			
PER2	0.839			
PER3	0.843			
PER4	0.842			
环境承诺		0.865	0.911	0.718
EC1	0.852			
EC2	0.839			
EC3	0.844			
EC4	0.854			
绿色行为		0.859	0.908	0.712
GB1	0.841			
GB2	0.839			
GB3	0.846			
GB4	0.850			
社会比较信息关注度		0.859	0.908	0.712
ATSCI1	0.841			
ATSCI2	0.839			
ATSCI3	0.846			

注:CR＝组合信度;AVE＝平均方差萃取值。

表 5.4　AVE 值的相关系数及平方根

	平均值	PSC	EP	PER	EC	GB	ATSCI
PSC	3.39	**0.859**					
EP	3.63	0.384**	**0.844**				
PER	3.52	0.383**	0.378**	**0.844**			
EC	3.58	0.370**	0.366**	0.365**	**0.847**		
GB	3.17	0.380**	0.377**	0.376**	0.365**	**0.844**	
ATSCI	3.41	0.431**	0.352**	0.365**	0.398**	0.336**	**0.838**

注:(1) 加粗的数字是 AVE 值的平方根;(2) PSC=感知可持续氛围,EP=环保热情,PER=感知环境责任,EC=环境承诺,GB=绿色行为,ATSCI=社会比较信息关注度;** $p<0.01$。

5.4.3　结构模型分析

结构模型的拟合度如下:$\chi^2/\mathrm{df}=2.705$,RMSEA$=0.066$,GFI$=0.911$,NFI$=0.972$,IFI$=0.979$,TLI$=0.976$,CFI$=0.979$,这表明数据与模型相当匹配。图 5.2 展示了结构模型分析的结果。正如预期的那样,感知可持续氛围对旅游地居民绿色行为($\beta=0.220$,$p<0.01$)、环境承诺($\beta=0.164$,$p<0.001$)、环保热情($\beta=0.264$,$p<0.001$)和感知环境责任($\beta=0.245$,$p<0.01$)的影响都是积极且显著的,支持了 H5-1、H5-3、H5-4 和 H5-5。环境承诺对绿色行为有积极且显著的影响($\beta=0.332$,$p<0.001$),因此支持了 H4-6。此外,环保热情对绿色行为($\beta=0.327$,$p<0.001$)和环境承诺($\beta=0.273$,$p<0.001$)都有显著正向影响,支持了 H5-7 和 H5-9。类似的,H5-8 和 H5-10 也得到了支持,因为感知环境责任对绿色行为($\beta=0.343$,$p<0.001$)和环境承诺($\beta=0.282$,$p<0.001$)的影响也是积极且显著的。

5.4.4　调节效应分析

本章通过调节结构方程模型(MSEM)来测试 ATSCI 的调节效应。根据 Mathieu 等(1992)的研究,如果交互项显著,则存在调节效应。调节效应分析的结果见表 5.5。通过 CFI、RMSEA 和 PGFI 的值来评估模型的拟合度。CFI 值大于 0.90,RMSEA 值小于 0.08,PGFI 值约为 0.50。这些结果表明模型具有良好的拟合度。如表 5.5 所示,交互项(PSC × ATSCI)与绿色行为($\beta=$

0.129，$p<0.001$)呈正相关，且是显著的。这一结果揭示了感知可持续氛围与绿色行为之间的关系受到 ATSCI 的正相调节。因此，支持了 H5-2。

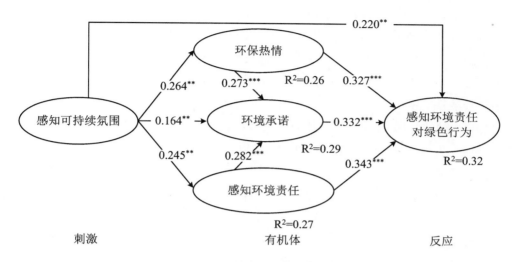

图 5.2　假设检验结果

表 5.5　调节效果结果

预测	绿色行为	CFI	RMSEA	PGFI
PSC	0.320***	0.92	0.06	0.51
ATSCI	0.154***			
PSC×ATSCI	0.129***			
R^2	29%			

注：(1) *** $p<0.001$；(2) PGFI＝简约适配度指数。

5.5　结果讨论与总结

本章构建了一个综合性框架，探讨了感知可持续氛围如何以及何时对旅游地居民的绿色行为产生影响。为了在实证上验证这一综合框架，本章从我国的两个古村落收集了数据。根据刺激-有机体-反应(S-O-R)框架，本章确认环保热情、感知环境责任和环境承诺作为潜在机制(如何)，以及社会信息关注度作为边界条件(何时)对塑造感知可持续氛围与旅游地居民绿色行为之间关系的影响机理发挥关键作用。本章的实证结果有助于负责旅游地规划和管理的相关人员更好地了解感知可持续氛围如何引发旅游地居民的心理依恋，增强他们对保护旅游地环境的责任意识，从而激励旅游地居民进行绿色行为。

正如预期的那样，研究结果表明，感知可持续氛围积极影响旅游地居民对环保参与的热情以及他们所感知的环境责任。因此，采取措施来提高感知可持续氛围的水平将会促进旅游地居民关于保护旅游地环境的积极情绪和责任感。结果还表明，感知可持续氛围水平积极影响环境承诺。与此同时，与预期一致，实证结果表明，感知可持续氛围与旅游地居民的绿色行为之间呈积极相关关系。这一发现与早期的研究结果相似，这些结果表明外部环境政策和传播对环保活动至关重要（Haque，Ntim，2018）。

此外，研究结果还指出，较高水平的环保热情和感知环境责任可以激发旅游地居民的环境承诺，并鼓励旅游地居民实施绿色行为。结果还发现，较高水平的环境承诺与绿色行为之间呈积极相关关系。因此，旅游地可以通过提升旅游地居民的环保热情、感知环境责任和环境承诺来激励他们实施绿色行为。这些结果与之前关于情感依恋和责任感在环境参与中的研究结果相一致（Brown et al.，2019；Story，Forsyth，2008）。这些发现提供了一个更全面的方式，以了解旅游地特定情境前因如何通过情感和理性反应（如环保热情、环境承诺和感知环境责任）影响绿色行为。最后，本章强调了ATSCI在绿色行为中的重要性，并进一步指出ATSCI可以增强感知可持续氛围对旅游地居民绿色行为的影响。也就是说，感知可持续氛围对绿色行为的影响取决于ATSCI的水平。ATSCI水平越高，感知可持续氛围对绿色行为的影响就越强。这一发现扩展了ATSCI的应用，并通过研究ATSCI在调节感知可持续氛围与旅游地居民绿色行为之间关系方面的作用，扩展了旅游地绿色行为管理方面的文献范围。

本章为旅游地管理和政策的制定也提供了一些重要的管理建议。首先，本章明确了旅游地居民的绿色行为在促进旅游地可持续发展方面的关键作用。因此，旅游业从业者应该更加注重鼓励和支持旅游地居民积极参与绿色行为。为实现这一目标，可以采取多种宣传手段，如村庄广播、讲座、传单等，向旅游地居民传授关于日常生活中资源节约和环境保护的知识和技能。此外，可以组织各种环保活动，例如分享环保经验和开展环保知识问答。其他利益相关者也应认识到旅游地居民在保护旅游地环境方面的重要性，并积极激发他们的潜力。管理者可以利用旅游淡季的机会，向旅游地的各类利益相关者传播必要的环保知识。例如，可以邀请拥有相关知识的环保专家或当地学校的教师，定期进行有针对性的环保培训。特别是,旅游公司、旅行社等相关机构的员工应该定期参与培训,以确保每位员工都具备积极参与绿色行为所需的能力和知识。这些措施将有助于提高旅游地居民的环保意识和行为,从而推动旅游地的可持续发展。通过全面的合作和培训计划,管理者可以更好地保护旅游地的自然资源,优化游客的体验感,同时实现旅游业的可持续增长。其次,鉴于感知可持续氛围的重要性,应该着力营造支持旅游地可持续发展的氛围。例如,相关的环保政策和信息应该通过村务宣传板和社区会议等途径向旅游地居民及时、清晰地传达,这样可以确保居民充分了解并为可持续发展而努力。此外,应该通过环保教育传播特定而实际可操作的关于可持续发展的信息和知识,以帮助旅游地居民积极实施绿色行为。这包括宣传和普及环保技能,例如如何进行垃圾分类、如何在日常生活中节约能源等。这样可以为旅游地居民提供必要的知识储备和技能基础,使他们能够有效地参与绿色行为。另外,旅游地应积极传达对可持续发展和环保的决心和信心,让居民明白旅游地对这些目标的承诺。这种透明度可以激发居民的信任和积极参与,推动可持续发展的实施。再次,环保热情、环境承诺和感知环境责任被认为是预测旅游地居民绿色行为的关键因素。因此,我们应该采取一系列合理的宣传行动,来强调环境问题的紧迫性,同时突出居民在改善环境方面的积极作用。此外,情感呼吁和精神激发也被视为有效的方法。在旅游地的可持续发展战略中,我们应该更加注重情感利益,例如强调居民参与环保活动所带来的幸福感或满足感,这可以促使他们更积极地投身于保护环境的活动中。最后,为了有效凸显 ATSCI 的影响,我们应该充分利用广播、报纸等媒介进行传播,因为媒介可以被视为提高人际传播效果的重要工具。另外,管理者和政策制定者还应该深入研究哪些社会群体或具有权威性的人对说服旅游地居民采取绿色行为的影响最大。通过了解这些影响因素,我们可以更有针对性地制定政策和管理措施,从而提高旅游地居民的绿色行为参与度。因此,沟通计划应该涵盖所有这些群体,而不仅仅是研究对象。这样,我们可以更有效地推动绿色行为的普及。

　　本章也存在一些局限性需要考虑。首先,在调查中采用了自我报告的测量方法来评估旅游地居民绿色行为。由于受到社会期望的影响,一些居民可能会高估他们实施绿色行为的情况,而实际行为可能无法准确地通过这种测量反映出来。尽管先前的研究表明自我报告的行为是实际行为的有用指标,但未来的研究仍应寻求更可靠的测量方法。其次,本章基于 S-O-R 框架,将环保热情、感知环境责任和环境承诺作为感知可持续氛围与旅游地居民绿色行为之间关系的内在机制。然而，还有其他变量，如自然亲近感和环保认同，也可能是重要的内在因素，为理解这种关系提供了有益的洞察力。因此，未来的研究应该进一步探索感知可持续氛围对旅游地居民绿色行为的影响，并考虑这些潜在的因素。同样，我们还应呼吁进一步探索这种关系的边界条件，以更深入地了解感知可持续氛围如何影响不同背景和文化下的旅游地居民的绿色行为。最后，研究结果的普遍适用性可能受到限制，因为本章的调研仅在我国的两个著名古村庄进行。这些地方的居民传统生活方式已经受到旅游快速发展的巨大影响，这可能导致本章的结果在某种程度上存在局限性。因此，未来的研究方向应包括更多类型的旅游地，以更全面地评估旅游地居民绿色行为的参与情况，并考虑不同地区和文化背景的差异。

第 6 章

旅游地居民绿色行为引导政策仿真研究

本章的主要内容是对旅游地居民绿色行为引导政策进行仿真研究。探究命令与控制型政策、经济激励型政策与公众参与型政策对于旅游地居民绿色行为意愿向实际行为转化过程的调节作用。同时,根据调节作用实证分析结果和ABMS 建模与仿真方法,借助 NetLogo 仿真软件,就上述三类不同政策导向和不同政策强度对旅游地居民绿色行为的干预效应进行仿真研究和分析。

6.1 引导政策调节效应

6.1.1 假设提出

现有绿色行为研究大多集中在行为意愿和影响行为的前因上,对意愿-行为差距的关注不足。现实中,个体自身良好意愿和实际行为之间的差距往往较难消除(Nguyen et al.,2019)。即使有强烈的行为意愿,也不能完全保证个体会将意愿付诸行动(Echegaray,Hansstein,2017)。个体行为是行为意愿与行为引导政策的干预相互作用的结果。理解个体行为将有助于决策者制定和管理引导政策(Wang,Mangmeechai,2021)。因此,后续研究应该使用更多的方法来衡量实际行为,并探究引导政策在消除行为意愿与实际行为间差距的有效性。基于以上讨论,本章借鉴世界银行对引导政策分类,检验三类引导政策对旅游地居民绿色行为意愿与实际行为之间关系的调节作用,弥合行为意愿与实际行为之间的差距,为政策制定者和管理者鼓励绿色行为和旅游地环境管理提供政策建议。

根据第 2 章中我国绿色行为引导政策框架的分析,可以深入了解三种主要类型的环境行为引导政策,即命令与控制型政策、经济激励型政策和公众参与型政策。作为环境保护的一种强制性措施,命令与控制型引导政策主要依靠政府的行政命令和法律法规来规范个体的环境行为。这些政策的关键特征在于直接要求个体遵守特定的环境规定,如环境法律法规、环境标准等。通过设定法律强制性规定,政府可以约束个体的绿色行为,确保其遵循环境保护准则。这种类型的政策在环境保护方面发挥着重要的作用,尤其在监管环境污染、资源利用和生态保护等方面。经济激励型引导政策则采用市场手段来鼓励个体参与绿色行为。这种政策依赖于经济激励,如环境罚款、环境税和环境补贴等,以调动个体的环保积极性。通过对环境破坏行为征收罚款或税款,政府可以引导个体更加谨慎地利用环境资源,降低环境污染的风险。同时,环境补贴等激励措施可以促使个体采取环保行动,从而实现资源的可持续利用。公众参与型引导政策则鼓励非政府组织、企业和公众等积极参与环保行动。这些政策通过宣传、教育、合作和交流等方式,旨在引导和培育公众的绿色行为,具体手段包括披露相关环境信息,监管相关企业,签订资源环境协议等。通过与公众合作,政府可以提高公众的环保意识,促进社会共识,形成全社会的环保动力。

各种类型的绿色行为引导政策在塑造个体绿色行为中具有独特的比较优势和环境影响。由于环境资源的"典型公共事业"属性,它的利用具有"非竞争性"和"非排他性"。在缺乏政府干预的情况下,环境资源滥用的可能性会加大。在旅游地这一背景下,当地政府有关部门应当采取相关环境政策,对当地居民个体的非绿色行为进行干预,以减少其活动对旅游地环境造成的负面影响。绿色行为引导政策作为一种重要的情境因素,在许多研究中已被证实对干预后的个体态度和行为之间的关系具有显著的调节作用。绿色行为引导政策可以在不同层面上影响个体的绿色行为。这些政策可能包括鼓励绿色行为的激励措施,如提供环保奖励或优惠政策,或者采取限制措施,如对环境破坏行为进行罚款或限制。这些政策的引入能够改变个体的绿色行为动机,从而影响他们的行为选择。例如,环保激励措施可能会增强个体参与绿色行为的动机,而限制措施则可能减少环境破坏行为的发生。

基于这些背景,可以发现,绿色行为引导政策将显著调节旅游地居民的绿色行为。具体来说,当旅游地政府采取积极的绿色行为引导政策时,个体更有可能在绿色行为方面表现出积极的态度和行动。这是因为政策的引入可能会改变居民对绿色行为的看法,促使他们在考虑到政策的影响后更愿意积极参与绿色行为。因此,本章提出如下假设:

H6-1:命令与控制型政策正向调节旅游地居民绿色行为意愿与实际绿色行为之间的关系。

H6-2:经济激励型政策正向调节旅游地居民绿色行为意愿与实际绿色行为之间的关系。

H6-3:公众参与型政策正向调节旅游地居民绿色行为意愿与实际绿色行为之间的关系。

6.1.2 信效度检验

图 6.1 为三类引导政策调节效应的框架图。框架中的构念和题项均来源于现有研究。绿色行为意愿和绿色行为的题项改编自 Wang 等(2020)以及 Liu 等(2014)的研究,三类引导政策题项来源于 Li 等(2018)及 Shi 等(2019)的研究。构念和题项的信效度指标详见表 6.1 和表 6.2。根据表 6.1,各题项的因子载荷值都超过了最低阈值 0.70,取值范围在 0.71～0.91;AVE 值的取值范围在 0.61～0.64,均大于最低标准 0.50。Cronbach's Alpha 值均大于 0.70,最小值为 0.71;CR 值取值范围在 0.82～0.88,均高于 0.70 的阈值标准。由表 6.2 可知,构念的判别效度是可接受的。综上所述,各构念和题项的信度和效度指标是符合标准的。

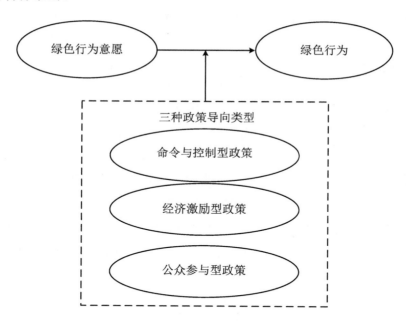

图 6.1　三种政策导向调节效应框架图

表 6.1　信度和效度指标

构　念	题项	因子载荷	Cronbach's α	CR	AVE
绿色行为意愿	INT1	0.82	0.82	0.88	0.64
	INT2	0.85			
	INT3	0.79			
	INT4	0.75			
	INT5	0.91			
绿色行为	GB1	0.84	0.72	0.88	0.62
	GB2	0.76			
	GB3	0.78			
	GB4	0.71			
命令与控制型政策	CCP1	0.75	0.72	0.83	0.61
	CCP2	0.74			
	CCP3	0.75			
经济激励型政策	EIP1	0.75	0.71	0.82	0.61
	EIP2	0.76			
	EIP3	0.77			
公众参与型政策	PPP1	0.76	0.72	0.82	0.62
	PPP2	0.78			
	PPP3	0.75			

表 6.2　相关系数与均值

	INT	CCP	EIP	PPP	PB
绿色行为意愿（INT）	**0.80**				
命令与控制型政策（CCP）	0.38	**0.79**			
经济激励型政策（EIP）	0.24	0.38	**0.78**		
公众参与型政策（PPP）	0.41	0.34	0.32	**0.78**	
绿色行为政策（GB）	0.53	0.24	0.21	0.19	**0.79**
均值	3.66	3.88	3.81	3.76	3.42

注：对角线（粗体）元素是 AVE 的平方根，非对角线元素是构念之间的相关性；判别效度符合条件的标准是 AVE 值的平方根应大于构念的相关系数。

6.1.3　调节效用分析

在本小节中，研究者深入分析了三类引导政策对旅游地居民绿色行为意愿与绿色行为之间关系的调节作用。通过进行分层回归分析，得到了具体的研究结果，这些结果在表6.3、表6.4和表6.5中有所呈现。值得注意的是，这些结果均呈现出显著的正向调节效应，从而支持了H6-1、H6-2和H6-3。

具体来说，分层回归分析的结果表明，三类引导政策在旅游地居民绿色行为意愿与绿色行为之间发挥着正向的调节作用。这意味着，当旅游地居民感知到三类引导政策的强度较高时，他们更有可能将绿色行为意愿转化为实际的绿色行为。这一发现强化了本章的研究框架，认为引导政策可以在不同层面上影响个体的绿色行为。

表6.3　命令与控制型政策调节效应检验结果

变　　量	模型1	模型2	模型3
INT	0.64***	0.60***	0.58***
CCP		0.11*	0.06*
INT×CCP			0.06*
R^2	0.41		0.42
Adjusted R^2	0.41		0.42
F_{change}	624.97***	14.57***	5.23*

注：*** $p<0.001$；* $p<0.05$。

表6.4　经济激励型政策调节效应检验结果

变　　量	模型1	模型2	模型3
INT	0.64***	0.62***	0.61***
EIP		0.06*	0.06*
INT×EIP			0.05*
R^2	0.41		0.41
Adjusted R^2	0.41		0.41
F_{change}	624.97***	5.21*	2.851

注：*** $p<0.001$；* $p<0.05$。

表6.5 公众参与型政策调节效应检验结果

变量	模型1	模型2	模型3
INT	0.64***	0.57***	0.56***
PPP		0.13***	0.12***
INT×PPP			0.05*
R^2	0.41		0.42
Adjusted R^2	0.41		0.42
F_{change}	624.97***	18.56***	3.63*

注：*** $p<0.001$；* $p<0.05$。

6.2 基于 Agent 的建模与仿真方法

6.2.1 ABMS 方法及 Agent 介绍

1. 发展与背景

基于 Agent 的建模和仿真方法是一种新的系统建模方法，英文全称是 Agent-based Modeling and Simulation，简称 ABMS。该系统由自治的、交互的 Agent 组成。计算的进步促进了基于 Agent 仿真模型的发展。ABMS 的应用范围涉及建模股票市场、减轻生物战威胁及了解可能导致古代文明灭亡的因素等。随着第一个基于 Agent 的建模工具包 Swarm 的发展，基于 Agent 的建模开始于"人工生命"领域的计算分支，该领域关注自然秩序的出现（Macal，North，2014）。在此之前，元胞自动机领域为许多原始的基于 Agent 的模拟提供形式、时间和状态推进机制。总的来说，基于 Agent 的建模应用十分广泛，囊括从为已经存在数百年的古代文明建模，到为现在还不存在的新产品设计市场。ABMS 最常见的用途是为人类的社会和组织行为及个人决策建模。值得注意的是，ABMS 倾向于描述性，旨在对个体实际或合理行为进行建模，而不是像传统运筹学（Operational Research，OR）那样，寻求优化和识别最佳行为的规范性研究。

ABMS 根源于复杂自适应系统（Complex Adaptive System，CAS）。CAS 关注的问题是：在短视的、自治的 Agent 中，自然界中复杂的行为是如何产生的。CAS 最初是由对生物系统适应性的研究激发的。CAS 具有更适合在其环境中生存的方式，以及具有自组织和动态重组其组件的能力，并且这种适应能力在很大范围内都发生着作用。CAS 领域的先驱者约翰·霍兰德（John Holland）确定了 CAS 共有的特性和机制，例如：① 聚集：允许团体的形成；② 非线性：使简单外推无效；③ 流程：允许资源和信息的传递和转换；④ 多样性：允许 Agent 间的行为有所不同。CAS 的机制是：① 标记：允许对 Agent 进行命名和识别；② 内部模型：允许 Agent 对其世界进行推理；③ 构建模块：允许组件和整个系统由许多层次的、更简单的组件组成。上述 CAS 的属性和机制为设计基于 Agent 的模型提供了有益的参考。

2. 基于 Agent 的模型及其属性

基于 Agent 的模型在研究复杂系统和人类行为方面具有重要作用。这种模型的构建涉及三个关键元素，如图 6.2 所示。

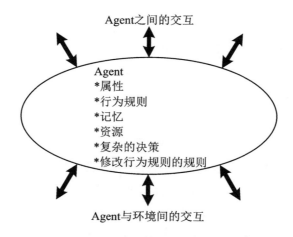

图 6.2　典型的基于 Agent 的模型

① Agent 的属性和行为：Agent 代表着系统中的个体，可以是个人、组织或其他实体。在基于 Agent 的模型中，每个 Agent 都有自己的属性和行为，这些属性和行为会影响其与其他 Agent 和环境的交互。在旅游地居民的绿色行为模型中，每个居民都可以被视为一个 Agent，拥有一定的属性，如年龄、受教育水平、意识水平等。同时，他们的行为将涉及绿色行为意愿、绿色行为等方面的表现。

② 连接性的基本拓扑：Agent 之间的连接性定义了它们之间的交互方式。在基于 Agent 的模型中，这种连接性可以通过网络、关系图等方式来表示。在

旅游地居民绿色行为的模型中,可以通过社交网络、邻里关系等方式来描述居民之间的联系。这些连接性将影响到信息传递、意见交流以及合作行为的形成。

③ Agent 的环境:除了与其他 Agent 交互外,Agent 还与环境进行交互。环境可以包括物理环境、社会环境以及政策环境等。在旅游地居民绿色行为的模型中,环境可以涵盖旅游地的自然资源状况、社区文化氛围以及政策导向等方面。这些环境因素会影响旅游地居民绿色行为意愿和实际行为,因此在模型中需要加以考虑。

对于基于 Agent 的模型的开发,需要对上述元素进行识别、建模和编程,以创建一个全面的模型。为了让模型运行,需要一个能够模拟 Agent 行为和交互的计算引擎。而基于 Agent 的建模工具箱和编程语言提供了开发和运行这些模型的功能。

在实际建模中,Agent 具有以下特征和属性:

① Agent 是自主的和自我导向的:Agent 在一定范围内可以独立运行并做出决策,与其他 Agent 互动。

② Agent 具有社会性:Agent 与环境和其他 Agent 相互作用,其行为受到情境和其他 Agent 的影响。

③ Agent 有能力学习和调整行为:Agent 可以根据自身经验进行学习,调整自己的行为策略。

④ Agent 通常具有资源属性:Agent 可能具有资源,如能源、财富和信息,这些资源会影响它们的决策和行为。

Agent 的行为规则可以因认知负荷的复杂性以及在决策中考虑的信息量而有所不同。这意味着在模型中,需要考虑到旅游地居民在绿色行为中所需的信息和认知负荷,以更准确地预测它们的行为。

综合而言,基于 Agent 的模型提供了一种深入研究个体行为和复杂系统互动的方法。在旅游地居民绿色行为研究中,通过运用这种模型,可以更好地理解个体间的交互作用、环境因素的影响,以及不同类型引导政策的调节效应,从而为旅游地的可持续发展提供更加全面的洞察和政策建议。

3. Agent 间的关系

在基于 Agent 的建模中,除了关注个体 Agent 及其行为,还强调了 Agent 之间的交互关系和互动机制。这涉及指定哪些 Agent 连接到哪些 Agent 以及如何动态地控制交互机制,从而构建一个更准确的模型来模拟真实世界中的复杂交互。交互关系的建模是基于 Agent 模型的重要组成部分。在构建这些关系时，需要考虑以下几个关键方面：

① 连接性和拓扑结构：在基于 Agent 的模型中，需要明确哪些 Agent 之间存在连接。这可以通过网络、图或其他拓扑结构来表示。连接性可以影响信息传递、资源共享和合作行为等。在旅游地居民绿色行为研究中，连接性可以代表居民之间的社交关系，以及他们在绿色行为方面的信息传递和影响。

② 交互机制：交互机制定义了 Agent 之间如何进行交流、合作和决策。这可以包括信息传递、资源分配、协调行动等方面。在旅游地居民绿色行为的模型中，交互机制可以代表居民之间的意见交流、资源共享以及对引导政策的讨论过程。

③ 动态性：Agent 之间的连接和交互机制可能是动态变化的。这可以基于不同的情境、时间和事件来调整。例如，在紧急情况下，Agent 之间的连接可能会增加，以更好地应对挑战。在模型中考虑这种动态性可以使其更接近实际情况。

④ 机制设计：在建模交互关系时，需要设计合适的机制来实现连接和交互。这可能涉及决策规则、信息传递方式、资源分配方式等方面的设计。机制的选择将影响到模型的准确性和可靠性。

基于 Agent 的互联网增长模型提供了一个示例，凸显了如何通过指定 Agent 之间的连接和控制交互机制来模拟系统的演化。在旅游地居民绿色行为研究中，类似的思想可以应用于建立模型，以更好地理解居民之间的交互、信息传递和合作行为，从而提供更准确的政策建议。

6.2.2 ABMS 概念框架

与一般的建模与仿真方法类似，ABMS 方法包括建模、仿真以及模型校核与验证（Verificationand Validation, V, V）等步骤。然而，ABMS 方法独具特色，其建模的核心单元是 Agent，必然涉及与 Agent 相关的要素。此外，ABMS 方法适用于复杂系统领域，因此在建模与仿真过程中必须考虑复杂系统的特点。在仿真模型开发过程的基础上，本章进一步展示了 ABMS 方法的概念化框架和仿真流程。ABMS 概念化框架如图 6.3 所示（廖守亿 等，2006）。这一概念化框架既可为 ABMS 研究方法的步骤和内容提供借鉴，也可作为已有基于 Agent 仿真建模系统合理性的判断标准。

概念框架中的 Agent 模型具有三个层面的含义，分别是领域模型（真实Agent 模型）、设计模型（概念 Agent 模型）以及可操作模型（计算 Agent 模型）。

这些模型分别存在于不同阶段，涉及领域专家、建模专家和计算机专家的参与。

① 真实 Agent 模型：由领域专家创建，即领域模型。领域专家观察、抽象和分析复杂系统的微观行为，建立代表系统个体的 Agent 模型。描述 Agent 的行为、规则、状态以及与环境和其他 Agent 的交互，实现对整个系统的描述。此阶段确立仿真目标，验证仿真结果的宏观行为（如可能）。领域专家使用自然语言、图形表示或领域相关语言描述真实 Agent 模型，需要同时掌握微观和宏观知识。

② 概念 Agent 模型：建模专家根据真实 Agent 模型创建设计模型。概念 Agent 模型包括对领域模型（真实 Agent）的形式化定义与描述，属性涵盖 Agent 行为模型、内部状态、Agent 结构、Agent 间通信与交互以及环境定义。创建概念 Agent 模型是基于 Agent 建模中最为复杂且关键的工作，需要处理领域专家提供的信息与约束。该过程通常是多次循环迭代的。

③ 计算 Agent 模型：建模的目的是实现在计算机上运行模型。概念 Agent 模型需要由计算机专家处理，转化为可在计算机上运行的计算 Agent 模型。此模型包括 Agent 实现技术、适用于仿真的 Agent 模型构建，以及形式化描述。同时，必须考虑语义相关的可操作模型的实现限制。计算机专家还需构建基于 Agent 的仿真平台和仿真系统，包括 Agent 分布、时间调度算法、Agent 兴趣管理以及动态负载平衡等，以实现仿真的重用性与互操作性。

这三种 Agent 模型体现了 Agent 在复杂系统建模与仿真、软件工程领域的表现形式。ABMS 中的 Agent 概念不仅是软件工程和人工智能领域 Agent 概念的简单迁移，还阐明了 Agent 模型在建模过程中的转化过程，从领域专家的领域模型逐步发展为可在计算机中执行的 Agent 仿真模型。值得注意的是，所涉及的领域专家、建模专家和计算机专家角色，并不必然严格分隔，一个人可以同时扮演其中一个或几个角色。

ABMS 的最终目标是实现对具体复杂系统的建模与仿真。图 6.3 中的概念框架表明，构建统一的基于 Agent 的建模与仿真综合环境至关重要。只有这样，领域专家才能在最短的时间内专注于具体复杂系统的描述，并在仿真环境中快速构建适用于具体系统的仿真应用，从而实现对系统的仿真分析与设计。基于 Agent 的仿真环境是综合环境中的一部分，解决了仿真组件的可重用性与互操作性问题。该综合环境的构建是具有挑战性的任务。

在仿真中，模型的有效性至关重要。校核与验证过程贯穿 ABMS 的整个生命周期。校核确定是否正确建立了概念 Agent 模型的计算 Agent 模型，涉及是否"正确建立计算 Agent 模型"的问题。验证则确认概念 Agent 模型是否精确地代表目标系统,涉及是否"正确建立概念 Agent 模型"的问题。

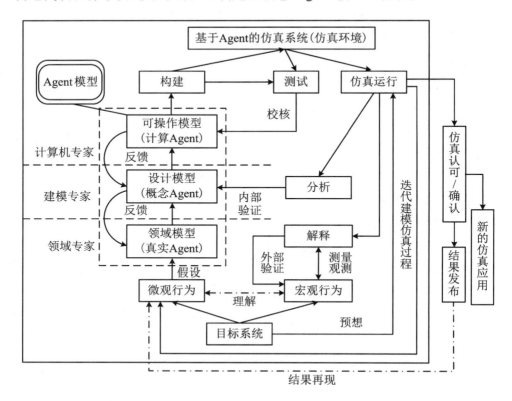

图 6.3   ABMS 概念化框架

6.2.3   ABMS 仿真流程

Agent 的详细建模过程总结如下:

① 问题描述和需求分析:在这一阶段,明确问题的性质和范围,以及希望通过仿真模型解决的具体问题。定义模型的目标和预期结果,以确保模型开发的方向明确。

② 确定仿真目标:从问题描述中提取仿真的主要目标,如理解系统行为、预测变化趋势或评估政策效果。确保这些目标可以通过 Agent 模型的设计和仿真来实现。

③ 识别 Agent:确定涉及的不同 Agent 类型,这可能包括个体、组织、机构等。每种 Agent 类型可能有不同的属性、行为和目标。

④ Agent 属性和行为建模：为每个 Agent 类型定义相关的属性、特征和行为。考虑他们的自主性、学习能力、决策规则等，以及这些属性如何影响他们的行为。

⑤ Agent 交互关系和环境定义：确定哪些 Agent 之间存在交互关系，以及这些交互关系的本质。定义 Agent 之间的联系、通信方式和信息交换。同时，考虑 Agent 与环境之间的交互，以及环境如何影响 Agent 的行为。

⑥ Agent 行为表示：将每个 Agent 的行为表示为规则、算法或决策模型。考虑 Agent 在特定情境下如何做出决策，以及它们如何响应其他 Agent 和环境的变化。

⑦ 定义 Agent 模型：将 Agent 的属性、行为和交互关系整合为一个完整的 Agent 模型。这个模型将描述 Agent 如何在特定环境中运作，以及它们如何影响彼此和整个系统。

上述各步骤间相互影响，有严格的顺序性，某一阶段出现问题，就必须回到某一阶段进行检查，并对后续阶段进行调整。

此外，研究者在 ABMS 的概念化框架和 Agent 仿真流程基础上，进一步深化了 ABMS 方法的仿真流程（俞学燕，2018），这一流程包括了五个关键步骤：

① 分析系统特征与仿真需求：仿真的起点是对具体复杂适应系统的特征和仿真需求进行仔细分析。这需要深入了解目标系统的运作方式、关键特性以及预期的仿真结果。通过界定系统的边界和范围，可以明确哪些部分将被纳入仿真建模，同时还需确定用于评价仿真建模系统性能的评估机制。

② 选择抽象层次：在 ABMS 中，选择适当的抽象层次是至关重要的。这意味着根据仿真建模的目标和系统信息来决定仿真模型的层次结构。选择过多或过细的层次可能会导致模型过于复杂，增加研究的复杂性和周期；而过少的层次可能会损失关键信息，影响仿真结果的准确性。

③ 分析消息流：在选择适当的抽象层次时，不应忽视消息流的分析。消息流对于 Agent 与环境之间的交互至关重要。这一步骤涉及对传递给 Agent 和环境之间的消息进行分类、流动模式和格式的分析，还需要统计信息的量级。通过这一分析，可以判断是否需要进一步分解抽象层次，以构建 CAS 分析树。

④ Agent 建模：经过前面的步骤，系统特征、仿真需求、抽象层次和消息流的分析都为 Agent 建模奠定了基础。在这一步骤中，需要对 CAS 分析树上的每个叶节点和非叶节点分别建立 Meta-Agent 和 Aggregation-Agent。这涉及对仿真建模时钟、输入输出消息集合、状态集合等关键方面进行明确定义。

⑤ Agent 分布与计算节点配置：一旦 Agent 模型建立，就需要考虑将

Agent 分布在多个计算节点上的策略。这个分布策略通常遵循节点间通信量最小化和节点负载均衡的原则。同时，还需要将系统的应用需求、算法要求以及实际硬件环境等因素纳入考虑，以实现合理的 Agent 分布和节点配置。

6.2.4　ABMS 适用性评价

本章不同类型的引导政策对旅游地居民绿色行为的干预仿真基于 ABMS 方法，创建不同类型的引导政策对旅游地居民绿色行为意愿绿色行为作用的结构框架，借助 NetLogo 仿真平台观察不同类型的引导政策及同一政策在不同强度下的旅游地居民绿色行为意愿和绿色行为变化。

在本章中，旅游地居民绿色行为意愿和绿色行为仿真模型的特点如下：

① 旅游地居民 Agent 具有主动性，它们可以根据外界环境的变化主动选择行为。

② 旅游地居民作为微观主体处于社会系统中，将受到系统中居民个体态度、知识等的影响，其行为也将受到社会系统中不同因素的影响，从而选择实施不同种类和不同程度的行为。因此，旅游地居民在社会系统中的行为选择在与其周边居民个体交互基础上进行，体现了居民个体的自主性和智能性。社会系统中居民整体的绿色行为并不是单个居民个体行为的简单加总。

③ 旅游地居民与其周边居民以及旅游地环境间的交互情况十分复杂，受到不同政策情境因素的影响。

因此，ABMS 方法适用于本章引导政策对旅游地居民绿色行为和意愿影响的建模与仿真。

6.3　仿真系统概念模型构建

6.3.1　仿真的目标和思路

前文实证研究结果表明，绿色行为意愿是旅游地居民绿色行为的直接影响因素，绿色行为意愿与绿色行为之间的关系路径受到不同政策导向的调节。旅游地居民个体之间以及旅游地居民个体与旅游地环境之间的交互十分复杂，是一个非线性和动态的过程。而本章构建的旅游地居民绿色行为意愿向实际行为转化的实证模型却是静态的,无法直观展现旅游地居民绿色行为的长期变化特征。在基于 Agent 的建模与仿真方法的支持下,可以动态地模拟和预测不同类型引导政策及同一政策不同强度对旅游地居民绿色行为意愿和绿色行为的不同影响。

　　基于以上内容,本章的仿真目标是:第一,基于 ABMS 方法,对旅游地居民绿色行为意愿转化为实际行为过程中涉及的变量进行刻画。第二,本章实际数据来源于前文的问卷调查,借助 BP 神经网络对数据进行训练,得到旅游地居民 Agent 的相关行为选择函数和参数,以便后续建模与仿真(俞学燕,2018)。第三,借助 NetLogo 仿真软件,对三类引导政策干预下旅游地居民绿色行为意愿和实际绿色行为变化情况进行仿真,并对仿真结果进行分析和对比。为实现仿真目标,本章建立的旅游地居民绿色行为仿真系统流程如图 6.4 所示。

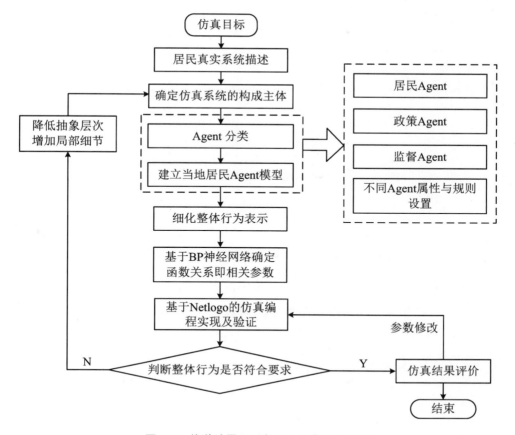

图 6.4　旅游地居民绿色行为仿真系统流程

6.3.2　仿真模型构建及 Agent 属性与规则设置

　　旅游地居民绿色行为意愿是影响实际绿色行为的主要前因。因此,提取绿色行为意愿作为刻画旅游地居民绿色行为的主要元素。鉴于旅游地居民的社会属性,旅游地居民之间的社会互动将影响个体的行为决策。旅游地居民绿色行为意愿在社会互动中受到群体压力和个体从众心理的影响。因此,将社会规范(SN)和从众心理(GP)纳入仿真模型。三类引导政策和旅游地居民绿色行为也被选为本章仿真概念模型的核心元素,概念模型如图 6.5 所示。

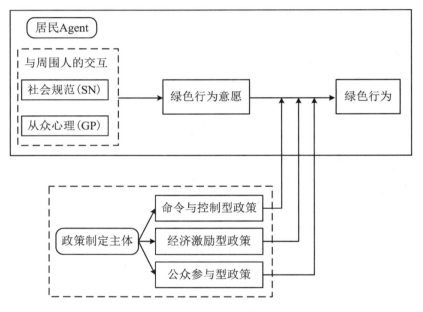

图 6.5　引导政策对旅游地居民绿色行为仿真概念模型

　　旅游地居民 Agent 是本章仿真系统中的主要 Agent,社会规范、从众心理、绿色行为意愿和绿色行为等旅游地居民的属性设定见表 6.6。

表 6.6　旅游地居民属性设定

旅游地居民 Agent 属性	属性描述
Agent 的社会规范	SN_j
Agent 的从众心理	GP_j
Agent 绿色行为意愿初始值	$INT_j^0 = f(e_1, e_2, e_3, e_4, e_5)$

续表

旅游地居民 Agent 属性	属性描述
T 时刻 Agent 的绿色行为	$\mathrm{GB}_j^t = f(\mathrm{INT}_j^t, \mathrm{CCP}_j^t, \mathrm{EIP}_j^t, \mathrm{PPP}_j^t)$
T 时刻 Agent 的绿色行为意愿	$\mathrm{INT}_j^t = f(\mathrm{INT}_j^0, \mathrm{PE}_j^t)$

注:SN 表示社会规范;j 表示第 j 个居民 Agent;GP 表示从众心理;INT 表示旅游地居民绿色行为意愿;e_1,e_2,e_3,e_4,e_5 分别表示地位意识、利他关怀、自然联结、旅游地依赖和旅游地认同;上标"0"表示初始时期;PB 表示旅游地居民绿色行为;上标"t"表示第 t 个时期。

6.3.3　基于 BP 人工神经网络绿色行为函数拟合

1. BP 人工神经网络概述

本章选择了 BP(Back Propagation)人工神经网络方法来协助确定旅游地居民的 Agent 行为选择函数和相关参数。接下来,本章构建了一个基于 BP 人工神经网络的模型,其中涵盖了旅游地居民的绿色行为意愿以及不同类型的引导政策。

BP 人工神经网络是一种广泛应用的方法,其通过算法来处理信息和数据。神经网络在处理数据和信息之前并不需要事先了解输入和输出之间的关系。BP 人工神经网络能够通过训练输入值来学习特定的规则,并最小化实际输出值与期望输出值之间的误差(Gupta,2013)。虽然 BP 人工神经网络中的神经元并不直接与外部环境交互,但神经元状态的变化将对输入和输出值产生影响(Li et al.,2012)。

BP 人工神经网络的选择在旅游地居民行为建模中具有重要意义。该方法允许模型从大量的实际数据中学习,以逐步优化 Agent 行为选择函数和相关参数。通过反向传播算法,BP 人工神经网络可以自动调整权重和偏差,以最小化预测输出与实际观察值之间的误差。这使得模型能够捕捉复杂的非线性关系和模式,提高了对旅游地居民行为选择的准确性和可预测性。

该方法的优势在于,它允许在没有明确规则的情况下进行建模,并且能够处理复杂的环境因素和不同类型的引导政策。BP 人工神经网络的自适应性和强大的拟合能力使其能够适应不同情境下的变化,从而更准确地预测旅游地居民的行为。

2. 绿色行为 BP 神经网络模型构建

为构建旅游地居民 Agent 的绿色行为选择函数,研究者进行了问卷调查,共收集了 797 份样本作为 BP 人工神经网络的训练和测试数据。在这一模型中,将绿色行为意愿(INT)、命令与控制型政策导向(CCP)、经济激励型政策导向(EIP)以及公众参与型政策导向(PPP)这四个变量的测量值作为输入数据,而将绿色行为(GB)的测量值作为输出数据。该神经网络模型的结构如图 6.6 所示。

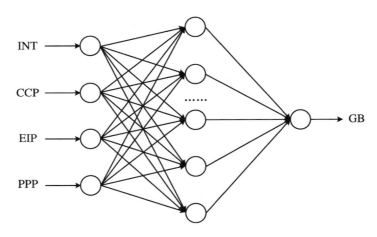

图 6.6　旅游地居民亲环境行为 BP 人工神经网络模型

　　BP 人工神经网络模型的建立在这一研究中具有重要的意义。采用神经网络可以在大量的样本数据中学习和捕捉输入变量与输出变量之间的复杂关系,从而能够更准确地预测旅游地居民的绿色行为选择。通过将问卷调查中收集的多维度数据作为输入,以及将对绿色行为意愿的测量值作为输出,神经网络可以通过不断调整权重和偏差,来拟合并预测居民的行为选择。

　　其中,INT、CCP、EIP 和 PPP 这四个输入变量代表了不同的影响因素,即绿色行为意愿、命令与控制型政策、经济激励型政策、公众参与型政策。这些因素的组合可能在复杂的方式下影响着居民的绿色行为意愿。而 GB 作为输出变量,反映了旅游地居民的绿色行为倾向。

　　图 6.6 所示的神经网络模型可能包含多个神经元层,其中输入层对应于 INT、CCP、EIP 和 PPP 这四个输入变量,输出层对应于 GB 输出变量。中间的隐藏层在神经网络中起到了从输入到输出的复杂映射的作用,帮助模型捕捉更加深入的关联。这些隐藏层的神经元数量以及神经网络的整体结构需要根据数据量和问题的复杂性进行适当的调整和优化。

　　MATLAB 软件具备构建神经网络模型的工具箱,节约了使用者大量的时间。本章采用 MATLAB 软件检验该网络模型,其拟合程度的步骤分为训练和测试两个阶段。我们随机抽取了 797 份样本中的 700 份用作训练,剩余的 97 份用作测试(张爱兵 等,2001)。为降低训练和测试样本的误差,在进行检验之前,我们通过公式(6.1)对数据进行归一化处理(王小川,2013):

$$\hat{X} = \frac{X - X_{min}}{X_{max} - X_{min}} \tag{6.1}$$

如图 6.7 所示,训练阶段结束后,模型网络误差为 1.84×10^{-2},拟合效果良好。表明此 BP 人工神经网络与实际调研数据的拟合值达到预期效果。

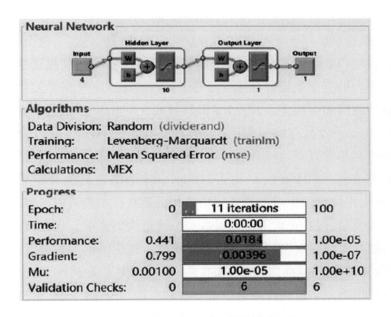

图 6.7　绿色行为 BP 神经网络输出结果

本研究基于公式(6.2)确定隐藏节点的数目。

$$l = \sqrt{n + m} + a \tag{6.2}$$

式中,字母 n 为输入层的个数,m 为输出层的个数,a 通常从 1～10 中取值。

因此,根据上式可知神经网络模型隐藏节点数的取值范围是 4～13。经过多次测试确定:当隐藏节点为 10 时,网络误差最小。因此,本章中隐藏节点数取 10。

6.4 NetLogo 平台仿真

6.4.1 NetLogo 中人工神经网络的构建

1. NetLogo 仿真工具介绍

在本研究中，我们选择了 NetLogo 平台作为仿真软件，用于进行多 Agent 建模和仿真，特别适用于那些随时间演变的复杂系统的建模。这个平台的设计着眼于最终用户的需求，为模型的构建和仿真提供了一个直观且强大的环境。NetLogo 平台的三个主要界面赋予了用户多重功能，使模型的创建、设置和分析变得更加便捷和可操作。首先，编辑器界面允许用户对模型本身进行编程。使用 NetLogo 平台独有的编程语言，用户能够定义 Agent 的行为、交互和规则。这种语言非常直观，特别适合构建基于 Agent 的仿真模型，相较于其他面向对象编程语言（如 Java 或 C 语言），NetLogo 的语言更加易于理解和应用。其次，可视化界面允许用户可视化环境及相关参数。用户可以通过滑块等工具来动态改变模型参数，观察不同的参数对系统行为的影响。这种可视化功能帮助研究者更好地洞察模型的动态演变，以便深入探索不同参数设置下的系统行为。最后，文档界面提供了结构化的文档，其中包含了关于 NetLogo 平台的详细信息和使用指南。这些资源对于初学者和有经验的用户都非常有价值，可以帮助他们更好地理解和掌握平台的功能和特性。

NetLogo 的优势不仅仅体现在其用户友好的界面设计上，还在于其丰富的文档、优秀的教程以及较为完备的模型库。这些资源能够帮助用户快速入门，更好地理解和利用平台进行建模和仿真。相比于其他仿真平台，如 RePast 和 SWARM，NetLogo 的专有编程语言使得模型的构建变得直观且高效。用户无需深入了解复杂的面向对象编程语言（如 Java 或 C 语言），就能迅速构建基于 Agent 的仿真模型。此外，NetLogo 在配置方面的优势使得用户可以在短时间内完成模型的设置，从而更加专注于模型的设计和分析。另一个突出的特点是在 NetLogo 的图形用户界面，用户可以使用按钮、滑块、文本框等工具来快速构建功能强大的图形界面。这为模型的可视化和交互提供了便利，使得用户能够更好地与模型进行互动和实验。

　　总之,NetLogo 平台在多 Agent 建模和仿真领域拥有广泛的应用范围,其易用性、丰富的资源和强大的可视化能力使其成为研究者进行复杂系统建模与仿真的有力工具。

2. NetLogo 中人工神经网络的构建

　　图 6.8 为在 NetLogo 软件中构建的神经网络模型图。旅游地居民 Agent 的绿色行为选择函数运用包含绿色行为意愿和三种政策导向类型的人工神经网络来实现。图 6.8 所示的神经网络模型呈现了一种复杂的连接结构,它能够在多个输入(如绿色行为意愿、引导政策等)之间捕捉各种影响因素的交互作用。神经网络的每个节点代表一个神经元,而连接线表示神经元之间的权重关系。这种权重关系能够在模型训练过程中不断调整,以最佳地拟合输入和输出之间的关系。

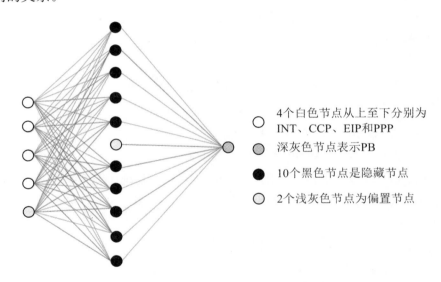

图 6.8　NetLogo 构建的 BP 人工神经网络

　　绿色行为选择函数的构建是一个复杂的任务,涉及多个变量之间的非线性关系。人工神经网络的引入为模型提供了一种有效的方式,能够从大量的样本数据中学习和捕捉输入变量与输出变量之间的复杂映射关系。通过训练神经网络,模型能够逐步调整权重,使得预测的绿色行为选择与实际情况更加吻合。

　　该模型的优势在于它能够考虑到多个影响因素的综合作用,包括旅游地居民的绿色行为意愿以及不同政策导向类型的影响。这种综合性有助于更全面地理解旅游地居民的行为决策过程,揭示潜在的动态变化和相互作用。

3. NetLogo 仿真平台运行模式

NetLogo 软件在本研究中采用了两种分析模式，以深入研究旅游地居民的绿色行为选择。这两种模式分别为基准运行模式和分析运行模式，它们有助于在不同条件下探索旅游地居民的行为决策和行为意愿。

在基准运行模式下，旅游地居民的绿色行为选择是在无政策干预的情况下进行的。这意味着没有引导政策的影响，旅游地居民的行为完全由其绿色行为意愿决定。通过在这个模式下进行仿真实验，研究者可以更好地理解旅游地居民在没有外部因素干扰的情况下的行为倾向，以及他们的绿色行为如何受到个人意愿的驱动。

在分析运行模式下，研究者将探究引导政策因素对旅游地居民 Agent 的绿色行为选择的影响。在这种情况下，旅游地居民的行为将会随着不同引导政策因素的调整而变化。这种模式下的仿真实验有助于分析旅游地居民的行为和意愿如何在不同政策框架下做出调整，以及政策对绿色行为的激励效应。

6.4.2 旅游地居民 Agent 的 NetLogo 设置

① 居民 Agent 的数量：为了提高模型拟合度，降低模型误差及提高 Agent 分布的合理性，本章中 Agent 的数量设为 500。

② Agent 的位置与活动范围：Agent 的位置在系统中是随机配置的，数量确定之后，Agent 的活动范围也随之确定。旅游地居民 Agent 的位置如图 6.9 所示。

③ Agent 的交互作用：如前文所述，旅游地居民之间及旅游地居民与环境之间的交互受到社会规范和个体从众心理的影响。本章假设仿真系统中的每个 Agent 是同质的，Agent 所受社会规范和从众心理影响的程度由系统决定，取值范围为 1~5 的随机正整数，数值越大，表明旅游地居民 Agent 受到社会规范和从众心理的影响程度越大。在社会互动中，当旅游地居民感知到对方的社会规范强度高于自身水平，且综合其自身从众心理的影响，旅游地居民绿色行为意愿将受到较大程度的影响。旅游地居民 Agent 自身从众心理强度越强，其绿色行为意愿发生调整的可能性将越大。

④ T 时刻 Agent 亲环境行为：本章中人工神经网络的输入选择旅游地居民绿色行为意愿和三种政策导向类型。上述四种输入经过传递输出为旅游地居民绿色行为。

图 6.9　旅游地居民 Agent 的位置

6.4.3　NetLogo 仿真界面和功能

本章运用 NetLogo 仿真软件进行旅游地居民绿色行为仿真。NetLogo 软件的仿真界面,包括命令区、控制区和输出区三个部分。命令区用于对系统运行发出指令;控制区主要用于系统中参数的调控;输出区则用于展示不同政策导向情形下的仿真结果。

① 命令区:命令区有"go""setup"等控件,人工神经网络创建阶段调用的是"build-net"命令;"setup"命令用于旅游地居民 Agent 的建立;"go"命令用于旅游地居民绿色行为模拟的运行,以观察输出的动态变化;"reset"的功能是重置。

② 控制区:控制区各空间在基准模式下的参数值及定义见表 6.7。调整速率的值越大,表明 Agent 行为意愿的变化越快;三类引导政策可调控参数范围是 1～5,1 表示"政策情境因素值最小",5 表示"政策情境因素值最大"。

③ 输出区:仿真界面右侧有两个曲线框和两个数字框,分别用于输出仿真运行过程中,各时刻旅游地居民 Agent 绿色行为意愿(INT)和绿色行为(GB)均值的变化曲线和输出平均值的大小。

表 6.7　仿真系统中参数含义

控件	定义	取值区间
residents-number　500	Agent 数量，仿真系统中居民 Agent 数量	[0,1000]
adjust-rate　0.20	调整速率，调控 Agent 行为意愿变化的速率	[0,1]
CCP　1.00	命令与控制型引导政策强度	[1,5]
EIP　1.00	经济激励型引导政策强度	[1,5]
PPP　1.00	公众参与型引导政策强度	[1,5]

6.5　NetLogo 平台仿真结果分析

6.5.1　基准模式下的仿真

在基准模式下，三类引导政策的参数值都设为 1，表示没有引导政策干预的情形。基准运行模式下的仿真结果阐述如下：

在没有引导政策影响的情形下，旅游地居民绿色行为的均值较低，仅为 2.06。对政策制定 Agent 来说，旅游地居民 Agent 绿色行为实施情况较不理想。旅游地居民绿色行为是绿色行为意愿和三类引导政策共同作用形成的较为稳定的状态。因此，当外部政策情境因素缺失时，旅游地居民绿色行为实施情况较差，说明政府部门对旅游地居民绿色行为的政策调控是必要的。

6.5.2　分析模式下的仿真

根据本章 6.1 节实证研究结果，命令与控制型引导政策（CCP）、经济激励型引导政策（EIP）和公众参与型引导政策（PPP）对旅游地绿色行为意愿与绿色行为之间的关系存在正向调节作用。为模拟不同类型引导政策对旅游地居民 Agent 绿色行为的驱动，某种引导政策的值设为 1，表示没有该种引导政策干预的情况;某种引导政策的值设为3,表示该种引导政策中等强度的情形;某种引导政策的值设为5,表示该种引导政策高等强度的情形。本小节就同一类型政策不同强度和不同类型政策相同强度的干预对旅游地居民绿色行为和意愿的影响进行仿真。

① 命令与控制型政策的值设为3,其他两类政策值设为1。

该数值设定表示的是中等强度下命令与控制型政策干预的情形。当无其他类型的引导政策干预时,仅将命令与控制型政策的参数从1调为3,旅游地居民 Agent 的亲环境行为意愿(INT)均值从2.44增加到3.21,增加了0.77,绿色行为(GB)均值从2.06增加到2.69,增加了0.63,说明命令与控制型引导政策在中等强度下对旅游地居民 Agent 的绿色行为意愿和绿色行为均有显著促进作用。

② 命令与控制型政策的值设为5,其他两类政策值设为1。

该数值设定表示的是高强度下的命令与控制型政策干预的情形。将该设定的仿真结果与基准分析模式下的结果进行对比:旅游地居民 Agent 绿色行为意愿(INT)的均值从2.44增加到3.57,增加了1.13,绿色行为(GB)的均值从2.06增加到3.06,增加了1.00,说明命令与控制政策在高强度下对旅游地居民 Agent 的绿色行为意愿和绿色行为有积极作用。

③ 经济激励政策的值设为3,其他两类政策值设为1。

该数值设定表示的是中等强度下经济激励型政策干预的情形。若不考虑其他类型引导政策的干预,仅将经济激励型政策的参数从1调高到3,旅游地居民 Agent 的绿色行为意愿(INT)均值从2.44增加到3.01,增加了0.57,绿色行为(GB)均值从2.06增加到2.47,增加了0.41,表明中等强度经济激励型政策对旅游地居民 Agent 的绿色行为意愿和绿色行为均有显著促进作用。

④ 经济激励型政策的值设为5,其他两类政策值设为1。

该数值设定表示的是高强度下的经济激励型政策干预的情形。将该设定的仿真结果与基准分析模式下的数值进行对比:旅游地居民 Agent 的绿色行为意愿(INT)均值从2.44增加到3.23,增加了0.79,绿色行为(GB)均值从2.06增加到2.96,增加了0.90,表明经济激励型政策在高强度情形下对旅游地居民 Agent 的绿色行为意愿和绿色行为均存在积极驱动作用。

⑤ 公众参与型政策的值设为3,其余两类政策值设为1。

该数值设定表示的是中等强度下公众参与型政策干预的情形。当无其他类型引导政策干预时,仅将公众参与型政策参数从1调到3,旅游地居民 Agent

的绿色行为意愿(INT)均值从 2.44 增加到 2.92,增加了 0.48,绿色行为(GB)均值从 2.06 增加到 2.18,增加了 0.12,表明中等强度公众参与型引导政策对旅游地居民 Agent 的绿色行为意愿和绿色行为均存在积极效应。

⑥ 公众参与型政策的值设为 5,其他两类政策值设为 1。

该数值设定表示的是高强度下的公众参与型政策干预的情形。将该设定的仿真结果与基准运行方式下的结果进行对比:旅游地居民 Agent 的绿色行为意愿(INT)均值从 2.44 增加到 3.16,增加了 0.72,绿色行为(GB)均值从 2.06 增加到 2.64,增加了 0.58,说明公众参与引导政策在高强度下对旅游地居民 Agent 的绿色行为意愿和绿色行为存在积极作用。

6.5.3 不同引导政策干预效果对比

如表 6.8 所示,通过对比不同类型和不同强度的引导政策干预情形发现,不同类型和强度的引导政策均对旅游地居民绿色行为和意愿有正向积极效应。具体分析如下。

表 6.8 不同政策情境对旅游地居民绿色行为的影响

政 策 情 境	INT	ΔINT	GB	ΔGB
基准模式(无政策干预)	2.44		2.06	
中等强度命令与控制型政策	3.21	0.77	2.69	0.63
高强度命令与控制型政策	3.57	1.13	3.06	1.00
中等强度经济激励型政策	3.01	0.57	2.47	0.41
高强度经济激励型政策	3.23	0.79	2.95	0.89
中等强度公众参与型政策	2.92	0.48	2.18	0.12
高强度公众参与型政策	3.16	0.72	2.64	0.58

① 不存在引导政策干预的情形。

由仿真分析结果可以得出,在没有引导政策干预的情形下,旅游地居民绿色行为意愿和绿色行为的均值都较低,说明在没有外部政策因素影响条件下,旅游地居民个体实施绿色行为的倾向较低,实施绿色行为的潜力仍需进一步挖掘。

② 各类引导政策在中等强度情形下的干预效用比较。

各类引导政策在中等强度下对旅游地居民的绿色行为意愿和绿色行为的干预效用存在显著差异。其中,命令与控制型政策对旅游地居民长期绿色行为意愿的驱动效用最为显著;其次是经济激励型政策对长期绿色行为意愿的影响;公众参与型政策对长期行为意愿的影响最弱。就绿色行为来说,命令与控制型政策的影响最为显著。其他依次是经济激励型与公众参与型引导政策。

③ 各类引导政策在高强度情形下的干预效用比较。

各类引导政策在高强度情形下对旅游地居民绿色行为意愿和绿色行为的干预效用也存在显著差异。其中,就旅游地居民绿色行为意愿而言,命令与控制型政策对旅游地居民绿色行为意愿的影响最显著,其次是经济激励型引导政策,接着是公众参与型引导政策。从旅游地居民绿色行为来看,也是命令与控制型政策对绿色行为的干预效果最为显著,其他依次是经济激励型和公众参与型政策的影响。公众参与型引导政策对旅游地居民绿色行为意愿和绿色行为的影响均最小的原因可能是:我国公众对相关环境政策的参与程度长期处于较低水平。

6.6　结果讨论与总结

根据上述实证和仿真结果可以发现,三类引导政策尽管在不同政策强度下对旅游地居民绿色行为意愿和绿色行为的影响效用不同,却均存在积极正向的影响。政策制定者应制定相关措施,进一步促进不同类型引导政策的实施和推广。本小节在第 2 章引导政策分析框架的基础上,结合第 6 章实证与仿真结果提出如下建议:一是应加快环境公众参与立法,建立环境公众参与的法律保障。参照其他国家的经验,没有法律保障,就没有有效的环境公众参与。二是应降低公众参与成本。当前环境公众参与不足的主要原因可能是参与成本高、制度安排、经济因素和技术限制等。因此,建立政府和企业响应公众需求、对话合作和利益调整的平台是必要的,如促进环境信息公开和公众网络参与、建立环境损害责任和赔偿制度等。三是应构建环境公众参与的社会支持体系。其中,环境专家的支持、生态非政府组织、公共组织以及电视、报纸、网络等媒体的监督,对环境公众参与均有较大帮助。还应进一步推进公众参与机制,充分发挥社会群体的作用,构建促进社会力量参与的平台,鼓励公众曝光污染行为,推动环境社会福利诉讼。四是加强社会监督，公开信息，维护公众参与和监督权利，对涉及公共环境利益的发展规划和建设项目要通过公开听证、公开讨论和公开披露，以舆论为导向进行监督。

　　值得注意的是，本章构建的政策仿真模型与真正现实环境间存在差异。为更好地体现不同政策对旅游地居民绿色行为选择的作用机理，本章假设仿真系统中的旅游地居民个体，除社会规范和从众心理强度等内在属性存在差异外，其他方面属性均是同质的。而在现实情境中，旅游地居民个体在社会人口统计和家庭特征等方面是异质的，这将导致居民个体行为选择不同，对待同一政策的反应也将不同。在未来的研究中，应更加深入解析旅游地居民绿色行为影响机理和居民绿色行为意愿与绿色行为选择的形成机制，设计更加贴近现实情况的仿真系统，进一步探究旅游地居民绿色行为的引导政策。

第 7 章

旅游地居民绿色行为管理
对策建议

7.1　深刻认识旅游地居民在旅游地环境保护中的地位和作用

　　深刻认识旅游地居民在旅游地环境保护中的地位和作用至关重要。旅游地居民既是旅游地的本地居民，也是该旅游地旅游业发展的直接受益者，所以他们的行为和决策对于旅游地的可持续性和环境质量有着直接而深远的影响。他们不仅是环境的使用者，还是文化的传承者，传承和保护着当地的文化、传统和社会价值观。这种文化传承在旅游业中具有巨大的吸引力。此外，旅游地居民还是环保意识的推动者，他们长期居住在旅游地，更能深刻地理解并体验当地自然环境的重要性。因此，他们常常是旅游地中最早意识到环境问题的人群，因为他们直观感受到环境变化对生活质量的影响。旅游地居民在环保问题中的积极参与和倡导可以引领旅游业的可持续发展，促使其他旅游业相关方更关注环境问题。

　　因此，要实现旅游地的环境保护和可持续发展，必须将旅游地居民视为合作伙伴而不仅仅是对象。他们的参与和合作是实现可持续旅游发展的必要条件之一。旅游地管理者应该积极建立与旅游地居民的紧密合作关系，倾听他们的声音、需求和建议，共同制定并实施绿色行为管理对策。同时，通过教育和沟通，提高旅游地居民对环境问题的认知和意识，鼓励他们积极参与环境保护和可持续旅游的实践，将旅游地居民纳入旅游地的环境保护大计中，有助于实现旅游地的可持续发展，同时保护和传承当地文化和自然环境。

7.2　旅游地居民绿色行为管理的基本思路

　　第一，聚焦关键驱动因素，分析旅游地居民绿色行为影响机理。

　　绿色行为管理的第一步是深入了解绿色行为背后的关键驱动因素和影响机理。关键驱动因素是指影响个体选择和采取绿色行为的各种因素。这些因素可以分为个体层面和社会层面的因素。我们需要深入研究关键驱动因素，以了解不同层面的驱动因素如何影响旅游地居民的绿色行为。这包括从人际人地关系视角、个体动机与社会资本视角以及感知可持续氛围视角出发,探究不同驱动因素与旅游地居民绿色行为之间关系的内在机制和边界条件,基于微观和宏观等不同层面分析旅游地居民绿色行为的影响机理,以更好地理解旅游地居民绿色行为的动力和限制。

人际人地关系视角强调了人际人地关系在绿色行为中的作用。例如,个体可能会受到亲朋好友的启发,而采纳更绿色的生活方式。同时,社区的环境政策和社交网络也可以影响人们的行为选择,从而塑造绿色行为。个体动机与社会资本视角关注个体内部的动机(个体层面)以及社会资本(集体层面)对绿色行为的影响。个体动机包括自我超越动机和地位激活动机。社会资本指的是个体在社会关系中的资源和支持,包括社交网络、社区参与和社会信任。这种跨层次的分析可以揭示个体与集体层面的相互作用,帮助管理者更好地制定旅游地居民绿色行为的驱动策略。感知可持续氛围视角则聚焦情境因素对于旅游地居民绿色行为管理的重要性问题。

第二,狠抓政策规制,探索旅游地居民绿色行为管理政策导向。

制定有针对性的管理政策至关重要。根据政策仿真研究的经验,旅游地管理部门可以采用不同类型的政策导向,以引导旅游地居民采取更多的绿色行为。这包括实施命令与控制型政策,如限制有害环境行为,推行经济激励型政策,如奖励计划和税收激励,以及促进公众参与,让旅游地居民参与决策过程,增强他们对绿色行为的认同感和责任感。

命令与控制型政策强调规定和限制,以减少或消除有害的非绿色行为。例如,旅游地管理部门可以实施法规和法律,禁止或限制某些破坏性的行为,如乱扔垃圾、破坏生态环境等。这种政策通常伴随着罚款或处罚,以确保旅游地居民遵守规定。这一类型的政策对于处理急迫的环境问题非常有效,可以立即降低破坏性行为的发生率。经济激励型政策通过提供经济奖励或优惠来激励旅游地居民采取绿色行为。例如,旅游地管理部门可以设立环保奖励计划,鼓励旅游地居民参与环保活动,如垃圾分类、能源节约等。还可以提供税收减免或补贴,以降低使用环保产品或服务的成本。该类政策能够在一定程度上激发人们的积极参与,因为它们直接影响个体的经济利益。然而,这类政策需要谨慎设计,以确保奖励机制的公平性和可持续性。促进公众参与政策强调旅游地居民在决策过程中的参与和发言权。这可以通过召开公众听证会、开展社区绿色项目和倡导居民参与社会讨论等方式实现。通过增强旅游地居民对环境问题的参与感和责任感，这种政策可以得到更广泛的支持，使旅游地居民更有动力采取绿色行为。此外，它还可以为政府和社区管理提供宝贵的反馈和建议，以更好地满足旅游地居民的需求和期望。

在制定管理政策时，通常需要考虑多种政策导向的组合，以适应不同的情况和目标。综合使用命令与控制型政策、经济激励型政策和促进公众参与政策，可以形成综合的绿色行为管理框架，更好地引导旅游地居民的绿色行为朝着可持续和环保的方向发展。

7.3 大力培育旅游地居民绿色行为的重点措施

第一，加大宣传，倡导绿色生活方式。

在培育旅游地居民的绿色行为中，宣传和教育是关键一环。宣传可以采用多种媒体渠道，包括社交媒体、电视、广播和报纸，以确保广泛的旅游地居民接触到绿色行为信息。教育活动可以包括定期举办绿色旅游讲座、研讨会和工作坊，这些活动不仅提供了知识，还能够启发参与者采取行动。此外，创作宣传材料如生动的海报、易懂的手册等社交媒体内容，有助于传递环保信息，激发旅游地居民参与绿色行为的兴趣。数字宣传也应受到重视，建立专门的网站和社交媒体平台，以便分享绿色行为实践的最新信息和实践经验。

第二，设置奖励或激励举措，提供精神嘉奖或物质支持。

奖励和激励措施在塑造旅游地居民的绿色行为中具有巨大的激励作用。一方面，建立绿色旅游奖励计划可以鼓励旅游地居民个人和家庭采取环保措施，如节能减排、垃圾分类等。这些奖励可以包括金钱奖励、实物奖品或免费旅游机会，以感谢他们的贡献。另一方面，税收激励政策也是鼓励旅游地居民采纳绿色措施的有效手段。政府可以提供税收减免或抵免，以减轻购买可再生能源设备和采取其他可持续行动的居民的负担。社区认可制度和环保竞赛则可以激发旅游地居民的集体参与热情，培养其合作精神，同时增强社区绿色意识。

第三，鼓励社区参与，营造社区绿色氛围。

社区参与是培育绿色行为的核心。社区活动如清洁活动、植树活动和环保志愿服务，能够将旅游地居民聚集在一起，让他们亲身感受到环保行动的价值。这种互动有助于建立社区可持续氛围，强化旅游地居民的环保责任感。此外，社区绿色项目的支持和资助,如建设可再生能源设施和垃圾回收中心,不仅改善了社区环境,还为旅游地居民提供了参与环保活动的机会。社区教育中心可以成为旅游地居民获取环保信息的重要来源,同时社区合作促使不同利益相关者共同致力于可持续发展的目标。通过这些举措,社区能够积极地塑造绿色文化,激发旅游地居民的环保热情,为绿色旅游行为管理创造更有利的环境。

附录 旅游地居民绿色行为影响机理调查问卷题项及其表述

题 项 缩 写	表　　述
地位意识	
SC1	我参与绿色行为是因为这些行为可以提高我的社会地位
SC2	如果参与绿色行为可以提高我的社会地位,那么我愿意为这些行为付出更多的时间和精力
SC3	因为我参与绿色行为有提升地位的可能性,所以参与绿色行为对我来说是有价值的
利他关怀	
AC1	该旅游地居民实施绿色行为所带来环境质量的改善将有助于当地居民提高生活质量
AC2	该旅游地居民实施绿色行为所带来环境质量的改善可以使居住在该旅游地附近的每一位居民受益
AC3	该旅游地居民实施绿色行为所带来环境质量的改善有利于该旅游地整个生态系统的和谐发展
自然联结	
NC1	我有一种与周围自然世界融合的感觉
NC2	我认为自然界是我所处生存环境的一部分
NC3	我可以认识并欣赏其他生物的智慧
NC4	我对动植物有一种亲近感
NC5	我对自己的行为如何影响着自然世界的运转有着深刻的理解
NC6	我认为地球上所有的居民,无论是人类还是非人类,都有一种共同的"生命力"
旅游地依赖	
DD1	我感觉该旅游地与我紧密相连、息息相关
DD2	我希望能够一直在该旅游地生活

题 项 缩 写	表　　述
DD3	在该旅游地的生活状态让我很满意
DD4	我认为该旅游地的环境和条件等适合居住
DD5	该旅游地为我提供了舒适便捷的生活条件(如购物、交通)
旅游地认同	
DI1	我对该旅游地有很强的认同感
DI2	生活在该旅游地中让我更清楚地认识到自己是谁
DI3	当有人赞美该旅游地的环境时,我感觉就像在赞美我个人
DI4	当有人批评该旅游地的环境时,我感觉很尴尬
家庭亲环境导向	
FO1	我们家很重视对家庭成员进行环保教育
FO2	我家里几乎每个人都知道气候变化的相关知识
FO3	我的家长们教育家庭成员要为保护环境和自然贡献自己的力量
FO4	环境保护的概念对我的家庭成员来说很重要
绿色行为意愿	
PBI1	我愿意在生活中不乱丢果皮纸屑
PBI2	我愿意劝告他人不乱写乱画
PBI3	我愿意遵守旅游地文物保护规定,不对建筑随意扩建或改建
PBI4	我愿意去学习环境保护的相关知识
自我超越动机	
STM1	社区成员的幸福对我来说非常重要
STM2	对我来说,通过帮助邻居赢得他们的信任是非常重要的
STM3	我一直努力确保我关心自然和环境
STM4	对我来说,与自然的统一是很重要的
地位激活动机	
ASM1	我从事绿色行为是因为这些行为可以提高我的社会地位
ASM2	如果绿色行为能提高我的社会地位,那么我会花更多的时间和精力
ASM3	绿色行为所能展现的社会地位与我息息相关
ASM4	参与绿色行为对我来说更有价值,因为它们有提升地位的吸引力
低努力程度绿色行为意愿	
LEI1	我愿意告诉我的朋友不要在这个城市公园里乱扔垃圾
LEI2	我愿意签署支持城市公园可持续发展的请愿书

题 项 缩 写	表　　　述
LEI3	我愿意帮助保护这个城市公园里的动植物
LEI4	如果这个城市公园需要从环境破坏恢复,我愿意自愿停止参观
高努力程度绿色行为意愿	
HEI1	我愿意奉献我的时间来参与这个城市公园的可持续发展项目
HEI2	我愿意参加一个关于管理城市公园可持续性的公开会议
HEI3	我愿意写信支持这个城市公园的可持续发展
社区社会资本	
CSC1	我经常参加社区的娱乐活动
CSC2	社区居民之间的关系很和谐
CSC3	我在乎其他居民怎么看待我的行为
CSC4	社区成员可以在紧急情况下互相帮助
CSC5	社区里的居民都很诚实可靠
感知可持续氛围	
PSC1	我的邻居对支持绿色事业很感兴趣
PSC2	我的邻居认为保护环境和实现可持续发展是很重要的
PSC3	我因参与绿色行为而得到支持
PSC4	我的社区为参与绿色行为的居民提供奖励
PSC5	我的邻居鼓励我参与绿色的行为
环保热情	
EP1	我对环境保护充满热情
EP2	我喜欢参加与环境保护有关的活动
EP3	我为帮助保护环境而感到自豪
EP4	我从保护环境中得到乐趣
EP5	我自愿付出时间或金钱来以某种方式帮助保护环境
感知环境责任	
PER1	我认为我应该对保护环境负责
PER2	我相信环保要从我做起
PER3	我认为环境保护不仅是政府的责任,也是我的责任
PER4	我认为环境保护不仅是环保组织的责任,也是我的责任
环境承诺	
EC1	如果某一行为对自然环境有害,我愿意放弃

题 项 缩 写	表 述
EC2	即使不方便,我也会参与环境保护
EC3	我承担起保护自然环境的责任
EC4	我愿意为自然环境做一些事情,即使我的努力没有得到感谢
绿色行为	
GB1	在日常生活中节约能源和资源
GB2	日常生活中要定期处理垃圾
GB3	在日常生活中保护动植物
GB4	为旅游地的生态环境保护或建设作出贡献
社会比较信息关注度	
ATSCI1	我的感觉是,如果一个群体中的其他人都以某种行为方式行事,那么这一定是正确的行为方式
ATSCI2	我的行为常常取决于我觉得别人希望我怎么做
ATSCI3	如果我不知道在社交场合该怎么做,那么我就会从别人的行为中寻找线索
命令与控制型政策	
CCP1	政府关于保护环境的强制性法规会鼓励我从事绿色行为
CCP2	政府在社区强制进行废物分类和回收利用的政策会鼓励我参与绿色行为
CCP3	政府限制购买效率低下的家用电器会鼓励我选择节能家电
经济激励型政策	
EIP1	对于有政府补贴的绿色行为,我更愿意参与
EIP2	政府开征"垃圾处理费"将使我更积极参与垃圾分类回收行为
EIP3	为了避免一些部门罚款,我不得不参与到一些绿色行为中去
公众参与型政策	
PPP1	该旅游地空气污染指数的披露将鼓励我参与绿色行为
PPP2	该旅游地获得生态旅游认证将鼓励我参与绿色行为
PPP3	我在生活中倾向于购买带有环保标志的产品

参 考 文 献

Albarracin D，Wyer Jr R S，2000. The cognitive impact of past behavior：influences on beliefs，
    attitudes，and future behavioral decisions[J]. Journal of Personality and Social Psychology，
    79(1)：5.

Ali A，Guo X，Ali A，et al. ，2019. Customer motivations for sustainable consumption：
    investigating the drivers of purchase behavior for a green-luxury car[J]. Business Strategy
    and the Environment，28(5)：833-846.

Aljerf L，Choukaife A E，2016. Sustainable development in Damascus University：a survey of
    internal stakeholder views[J]. Journal of Environmental Studies，2(2)：1-12.

Almeida-García F，Peláez-Fernández M Á，Balbuena-Vazquez A，et al. ，2016. Residents'
    perceptions of tourism development in Benalmádena (Spain)[J]. Tourism Management，54：
    259-274.

Altman I，Low S M，2012. Place attachment[M]. Dordrecht：Springer Science & Business Media.

Anderson J C，Gerbing D W. ，1988. Structural equation modeling in practice：a review and
    recommended two-step approach[J]. Psychological Bulletin，103(3)：411.

Anderson C，Srivastava S，Beer J S，et al. ，2006. Knowing your place：self-perceptions of status in
    face-to-face groups[J]. Journal of Personality and Social Psychology，91(6)：1094.

Arbuthnot J，1977. The roles of attitudinal and personality variables in the prediction of
    environmental behavior and knowledge[J]. Environment and Behavior，9(2)：217-232.

Arkin R M，Baumgardner A H，1986. Self-presentation and self-evaluation：processes of self-
    control and social control[M]//Public self and private self. New York：Springer：75-97.

Atshan S，Bixler R P，Rai V，et al. ，2020. Pathways to urban sustainability through individual
    behaviors：the role of social capital[J]. Environmental Science & Policy，112：330-339.

Bache I，Bartle I，Flinders M，2016. Multi-level governance[M]//Handbook on theories of
    governance. Wausau：Edward Elgar Publishing.

Bamberg S，2003. How does environmental concern influence specific environmentally related
    behaviors? A new answer to an old question[J]. Journal of Environmental Psychology，23

(1):21-32.

Batson C D, Powell A A, 2003. Altruism and prosocial behavior[M]//Handbook of Psychology: Personaling and Social Psychology. Hoboken: John Wiley & Sons:463-484.

Baumeister R F, 1982. A self-presentational view of social phenomena [J]. Psychological Bulletin,91(1):3.

Bearden W O, Rose R L, 1990. Attention to social comparison information: an individual difference factor affecting consumer conformity[J]. Journal of Consumer Research,16(4): 461-471.

Berbekova A, Wang S, Wang J, et al. , 2023. Empowerment and support for tourism: giving control to the residents [M]//Handbook of tourism and quality-of-life research Ⅱ: enhancing the lives of tourists, residents of host communities and service providers. Cham: Springer International Publishing:335-349.

Bem D J, 1972. Self-perception theory[M]//Advances in experimental social psychology. New York: Academic Press:1-62.

Blake J, 1999. Overcoming the "value-action gap" in environmental policy: tensions between national policy and local experience[J]. Local Environment,4(3):257-278.

Bradley R H, Corwyn R F, 2002. Socioeconomic status and child development [J]. Annual Review of Psychology,53(1):371-399.

Borden R J, Francis J L, 1978. Who cares about ecology? Personality and sex differences in environmental concern[J]. Journal of Personality,46(1):190-203.

Bowlby J, 1982. Attachment and loss: retrospect and prospect [J]. American Journal of Orthopsychiatry,52(4):664.

Brown B, Perkins D D, Brown G, 2003. Place attachment in a revitalizing neighborhood: individual and block levels of analysis[J]. Journal of Environmental Psychology, 23 (3): 259-271.

Buhalis D, 2000. Marketing the competitive destination of the future[J]. Tourism Management, 21(1):97-116.

Burch G F, Batchelor J H, Burch J J, et al. , 2015. Rethinking family business education[J]. Journal of Family Business Management,5(2):277－293.

Buta N, Holland S M, Kaplanidou K, 2014. Local communities and protected areas: the mediating role of place attachment for pro-environmental civic engagement[J]. Journal of Outdoor Recreation and Tourism,5:1-10.

Casakin H, Ruiz C, Hernández B, 2021. Place Attachment and the neighborhood: a case study of Israel[J]. Social Indicators Research,155(1):315-333.

Castaneda M G, Martinez C P, Marte R, et al., 2015. Explaining the environmentally-sustainable consumer behavior: a social capital perspective[J]. Social Responsibility Journal, 11(4): 658-676.

Chan H W, 2020. When do values promote pro-environmental behaviors? Multilevel evidence on the self-expression hypothesis[J]. Journal of Environmental Psychology, 71: 101361.

Chawla L, 1999. Life paths into effective environmental action [J]. The Journal of Environmental Education, 31(1): 15-26.

Chen N, Dwyer L, 2018. Residents' place satisfaction and place attachment on destination brand-building behaviors: conceptual and empirical differentiation[J]. Journal of Travel Research, 57(8): 1026-1041.

Cheng T M, Wu H C, 2015. How do environmental knowledge, environmental sensitivity, and place attachment affect environmentally responsible behavior? An integrated approach for sustainable island tourism[J]. Journal of Sustainable Tourism, 23(4): 557-576.

Choi H C, Murray I, 2010. Resident attitudes toward sustainable community tourism[J]. Journal of Sustainable Tourism, 18(4): 575-594.

Choo H, Park S Y, Petrick J F, 2011. The influence of the resident's identification with a tourism destination brand on their behavior [J]. Journal of Hospitality Marketing & Management, 20(2): 198-216.

Cialdini R B, 2007. Descriptive social norms as underappreciated sources of social control[J]. Psychometrika, 72(2): 263-268.

Cialdini R B, Petty R E, Cacioppo J T, 1981. Attitude and attitude change[J]. Annual Review of Psychology, 32(1): 357-404.

Cialdini R B, Reno R R, Kallgren C A, 1990. A focus theory of normative conduct: recycling the concept of norms to reduce littering in public places[J]. Journal of Personality and Social Psychology, 58(6): 1015.

Clark M, 2005. Corporate environmental behavior research: informing environmental policy[J]. Structural Change and Economic Dynamics, 16(3): 422-431.

Cleary A, Fielding K S, Murray Z, et al., 2020. Predictors of nature connection among urban residents: assessing the role of childhood and adult nature experiences[J]. Environment and Behavior, 52(6): 579-610.

Coelho F, Pereira M C, Cruz L, et al., 2017. Affect and the adoption of pro-environmental behavior: a structural model[J]. Journal of Environmental Psychology, 54: 127-138.

Colarelli S M, Dettmann J R, 2003. Intuitive evolutionary perspectives in marketing practices [J]. Psychology & Marketing, 20(9): 837-865.

Cornelissen G, Pandelaere M, Warlop L, et al. , 2008. Positive cueing: promoting sustainable consumer behavior by cueing common environmental behaviors as environmental [J]. International Journal of Research in Marketing,25(1):46-55.

Corral-Verdugo V, Lucas M Y, Tapia-Fonllem C, et al. ,2019. Situational factors driving climate change mitigation behaviors: the key role of pro-environmental family[J]. Environment, Development and Sustainability,22(8):7269-7285.

Dai M, Fan D X F, Wang R, et al. ,2021. Residents' social capital in rural tourism development: guanxi in housing demolition [J]. Journal of Destination Marketing & Management, 22:100663.

Daryanto A, Song Z, 2021. A meta-analysis of the relationship between place attachment and pro-environmental behavior[J]. Journal of Business Research,123:208-219.

Davies J, Foxall G R, Pallister J,2002. Beyond the intention-behavior mythology: an integrated model of recycling[J]. Marketing Theory,2(1):29-113.

Davis J L, Green J D, Reed A, 2009. Interdependence with the environment: commitment, interconnectedness, and environmental behavior[J]. Journal of Environmental Psychology, 29(2):173-180.

De Silva M, Wang P, Kuah A T H,2021. Why wouldn't green appeal drive purchase intention? Moderation effects of consumption values in the UK and China[J]. Journal of Business Research,122:713-724.

Diekmann A, Preisendörfer P,1998. Environmental behavior: discrepancies between aspirations and reality[J]. Rationality and Society,10(1):79-102.

Dietz T, Stern P C, Guagnano G A, 1998. Social structural and social psychological bases of environmental concern[J]. Environment and Behavior,30(4):450-471.

Dixon J, Durrheim K,2004. Dislocating identity: desegregation and the transformation of place [J]. Journal of Environmental Psychology,24(4):455-473.

Dutton J E, Dukerich J M, Harquail C V. Organizational images and member identification[J]. Administrative Science Quarterly,39(2):239-263.

Echegaray F, Hansstein F V, 1994. Assessing the intention-behavior gap in electronic waste recycling: the case of Brazil[J]. Journal of Cleaner Production,2017,142:180-190.

Festinger L,1962. A theory of cognitive dissonance[M]. Redwood City: Stanford University Press.

Festinger L,1954. A theory of social comparison processes[J]. Human Relations,7(2):117-140.

Fishbein M, Ajzen I, 1977. Belief, attitude, intention, and behavior: an introduction to theory and research[J]. Philosophy and Rhetoric,10(2):244-245.

Fletcher R, 2017. Connection with nature is an oxymoron: a political ecology of "nature-deficit disorder"[J]. The Journal of Environmental Education, 48(4): 226-233.

Fletcher R, 2019. Ecotourism after nature: anthropocene tourism as a new capitalist "fix"[J]. Journal of Sustainable Tourism, 27(4): 522-535.

Fornara F, Scopelliti M, Carrus G, et al., 2014. Place attachment and environment-related behavior[M]//Place attachment: advances in theory, methods and applications. London: Routledge: 193.

Fried M, 1963. Grieving for a lost home[M]//The Urban Condition. New York: Basic Books: 151-171.

Fullilove M T, 1996. Psychiatric implications of displacement: contributions from the psychology of place[J]. American Journal of Psychiatry, 153: 12.

Garrod B, Fyall A, Leask A, et al., 2012. Engaging residents as stakeholders of the visitor attraction[J]. Tourism Management, 33(5): 1159-1173.

Geller E S, 1989. Applied behavior analysis and social marketing: an integration for environmental preservation[J]. Journal of Social Issues, 45(1): 17-36.

Griskevicius V, Tybur J M, Van den Bergh B, 2010. Going green to be seen: status, reputation, and conspicuous conservation[J]. Journal of Personality and Social Psychology, 98(3): 392.

Gosling E, Williams K J H, 2010. Connectedness to nature, place attachment and conservation behavior: testing connectedness theory among farmers [J]. Journal of Environmental Psychology, 30(3): 298-304.

Gunn C A, Var T, 2002. Tourism planning: basics, concepts, cases[M]. London: Psychology Press.

Gu H, Ryan C, 2008. Place attachment, identity and community impacts of tourism-the case of a Beijing hutong[J]. Tourism Management, 29(4): 637-647.

Gupta N, 2013. Artificial neural network[J]. Network and Complex Systems, 3(1): 24-28.

Gupta S, Ogden D T, 2009. To buy or not to buy? A social dilemma perspective on green buying [J]. Journal of Consumer Marketing, 26(6): 376-391.

Halpenny E A, 2010. Pro-environmental behaviors and park visitors: the effect of place attachment[J]. Journal of Environmental Psychology, 30(4): 409-421.

Hammitt W E, Backlund E A, Bixler R D, 2006. Place bonding for recreation places: conceptual and empirical development[J]. Leisure Studies, 25(1): 17-41.

Hammitt W E, Kyle G T, Oh C O, 2009. Comparison of place bonding models in recreation resource management[J]. Journal of Leisure Research, 41(1): 57-72.

Han H, Hwang J, 2017. What motivates delegates' conservation behaviors while attending a convention？[J].Journal of Travel & Tourism Marketing,34(1):82-98.

Han H,Hyun S S,2017. Drivers of customer decision to visit an environmentally responsible museum:merging the theory of planned behavior and norm activation theory[J].Journal of Travel & Tourism Marketing,34(9):1155-1168.

Hardy C L,Van Vugt M,2006. Nice guys finish first:the competitive altruism hypothesis[J]. Personality and Social Psychology Bulletin,32(10):1402-1413.

He X,Hu D,Swanson S R,et al. ,2018. Destination perceptions,relationship quality,and tourist environmentally responsible behavior[J].Tourism Management Perspectives,28:93-104.

Heaney J G,Goldsmith R E,Jusoh W J W,2005. Status consumption among Malaysian consumers:exploring its relationships with materialism and attention-to-social-comparison-information[J].Journal of International Consumer Marketing,17(4):83-98.

Hesari E,Moosavy S M,Rohani A,et al. ,2020. Investigation the relationship between place attachment and community participation in residential areas:a structural equation modelling approach[J].Social Indicators Research,151(3):921-941.

Hidalgo M C,Hernandez B,2001. Place attachment:conceptual and empirical questions[J]. Journal of Environmental Psychology,21(3):273-281.

Hinds J,Sparks P,2008. Engaging with the natural environment:the role of affective connection and identity[J].Journal of Environmental Psychology,28(2):109-120.

Hines J M,Hungerford H R,Tomera A N,1987. Analysis and synthesis of research on responsible environmental behavior:a meta-analysis[J]. The Journal of Environmental Education,18(2):1-8.

Hong J,She Y,Wang S,et al. ,2019. Impact of psychological factors on energy-saving behavior: moderating role of government subsidy policy[J].Journal of Cleaner Production,232: 154-162.

Hsu C H C,Huang S S,2016. Reconfiguring Chinese cultural values and their tourism implications[J].Tourism Management,54:230-242.

Ho D Y,1976. On the concept of face[J].American Journal of Sociology,81(4):867-884.

Hu L,Bentler P M,1999. Cutoff criteria for fit indexes in covariance structure analysis: conventional criteria versus new alternatives[J]. Structural Equation Modeling:A Multidisciplinary Journal,6(1):1-55.

Hwang K K,2011. Foundations of Chinese psychology:confucian social relations[M]. Dordrecht:Springer Science & Business Media.

Jenkins T N,2002. Chinese traditional thought and practice:lessons for an ecological economics worldview[J].Ecological Economics,40(1):39-52.

Junot A，Paquet Y，Fenouillet F，2018. Place attachment influence on human well-being and general pro-environmental behaviors[J]. Journal of Theoretical Social Psychology，2（2）：49-57.

Junot A，Paquet Y，Martin-Krumm C，2017. Passion for outdoor activities and environmental behaviors：a look at emotions related to passionate activities[J]. Journal of Environmental Psychology，53：177-184.

Kahn Jr P H，1997. Developmental psychology and the biophilia hypothesis：children's affiliation with nature[J]. Developmental Review，17（1）：1-61.

Kalandides A，Kavaratzis M，2011. The problem with spatial identity：revisiting the "sense of place"[J]. Journal of Place Management and Development，4（1）：28-39.

Kalayci C，2019. The impact of economic globalization on CO^2 emissions：the case of NAFTA countries[J]. International Journal of Energy Economics and Policy，9（1）：356.

Kals E，Schumacher D，Montada L，1999. Emotional affinity toward nature as a motivational basis to protect nature[J]. Environment and Behavior，31（2）：178-202.

Kellert S R，1995. The biophilia hypothesis[M]. Washington DC：Island Press.

Kim A K J，Airey D，Szivas E，2011. The multiple assessment of interpretation effectiveness：promoting visitors' environmental attitudes and behavior[J]. Journal of Travel Research，50（3）：321-334.

Kim M，Koo D W，2020. Visitors' pro-environmental behavior and the underlying motivations for natural environment：merging dual concern theory and attachment theory[J]. Journal of Retailing and Consumer Services，56：102147.

Kim S，Lee Y K，Lee C K，2017. The moderating effect of place attachment on the relationship between festival quality and behavioral intentions[J]. Asia Pacific Journal of Tourism Research，22（1）：49-63.

Klöckner C A，Nayum A，Mehmetoglu M，2013. Positive and negative spillover effects from electric car purchase to car use[J]. Transportation Research Part D：Transport and Environment，21：32-38.

Korpela K M，1989. Place-identity as a product of environmental self-regulation[J]. Journal of Environmental Psychology，9（3）：241-256.

Kruglanski A W，Mayseless O，1990. Classic and current social comparison research：expanding the perspective[J]. Psychological Bulletin，108（2）：195.

Kyle G，Bricker K，Graefe A，et al.，2004. An examination of recreationists' relationships with activities and settings[J]. Leisure Sciences，2004，26（2）：123-142.

Lacasse K，2016. Don't be satisfied，identify！Strengthening positive spillover by connecting pro-environmental behaviors to an "environmentalist" label[J]. Journal of Environmental Psychology,48:149-158.

Landon A C,Woosnam K M,Boley B B,2018. Modeling the psychological antecedents to tourists' pro-sustainable behaviors:an application of the value-belief-norm model[J].Journal of Sustainable Tourism,26(6):957-972.

Lanzini P,Thøgersen J,2014. Behavioral spillover in the environmental domain:an intervention study[J].Journal of Environmental Psychology,40:381-390.

Lauren N,Fielding K S,Smith L,et al. ,2016. You did,so you can and you will:self-efficacy as a mediator of spillover from easy to more difficult pro-environmental behavior[J].Journal of Environmental Psychology,48:191-199.

Lauren N, Smith L D G, Louis W R, et al. , 2019. Promoting spillover:how past behaviors increase environmental intentions by cueing self-perceptions [J]. Environment and Behavior,51(3):235-258.

Lee S J,Park H J,Kim K H,et al. ,2021. A moderator of destination social responsibility for tourists' pro-environmental behaviors in the VIP model [J]. Journal of Destination Marketing & Management,20:100610.

Lee T H,Jan F H,Yang C C,2013. Conceptualizing and measuring environmentally responsible behaviors from the perspective of community-based tourists[J]. Tourism Management, 2013,36:454-468.

Li J,Pan L,Hu Y,2021. Cultural involvement and attitudes toward tourism:examining serial mediation effects of residents' spiritual wellbeing and place attachment[J]. Journal of Destination Marketing & Management,20:100601.

Li J,Zhang X A,Sun G,2015. Effects of "face" consciousness on status consumption among Chinese consumers:perceived social value as a mediator[J].Psychological Reports,116(1): 280-291.

Li L,Xia X H,Chen B,et al. ,2018. Public participation in achieving sustainable development goals in China:evidence from the practice of air pollution control[J]. Journal of Cleaner Production,201:499-506.

Lichtenstein D R, Ridgway N M, Netemeyer R G, 1993. Price perceptions and consumer shopping behavior:a field study[J].Journal of Marketing Research,30(2):234-245.

Liere K D V, Dunlap R E, 1980. The social bases of environmental concern:a review of hypotheses,explanations and empirical evidence [J]. Public Opinion Quarterly, 44 (2): 181-197.

Liu J,Qu H,Huang D,et al. ,2014. The role of social capital in encouraging residents' proironmental behaviors in community-based ecotourism［J］. Tourism Management，41：190-201.

Liu X，Anbumozhi V，2009. Determinant factors of corporate environmental information disclosure：an empirical study of Chinese listed companies［J］. Journal of Cleaner Production，17(6)：593-600.

Liu X，Liu B，Shishime T，et al.，2010. An empirical study on the driving mechanism of proactive corporate environmental management in China［J］. Journal of Environmental Management，91(8)：1707-1717.

Lockwood P，Sadler P，Fyman K，et al.，2004. To do or not to do：using positive and negative role models to harness motivation［J］. Social Cognition，22(4)：422-450.

Loureiro S M C，2014. The role of the rural tourism experience economy in place attachment and behavioral intentions［J］. International Journal of Hospitality Management，40：1-9.

Macal C，North M，2014. Introductory tutorial：agent-based modeling and simulation［C］//Proceedings of the Winter Simulation Conference 2014. IEEE：6-20.

Madden T J，Ellen P S，Ajzen I，1992. A comparison of the theory of planned behavior and the theory of reasoned action［J］. Personality and Social Psychology Bulletin，18(1)：3-9.

Maki A，Carrico A R，Raimi K T，et al.，2019. Meta-analysis of pro-environmental behavior spillover［J］. Nature Sustainability，2(4)：307-315.

Marx-Pienaar N J M M，Erasmus A C，2014. Status consciousness and knowledge as potential impediments of households' sustainable consumption practices of fresh produce amidst times of climate change［J］. International Journal of Consumer Studies，38(4)：419-426.

Mayer F S，Frantz C M P，2004. The connectedness to nature scale：a measure of individuals' feeling in community with nature［J］. Journal of Environmental Psychology，24(4)：503-515.

Mennen F E，O'Keefe M，2005. Informed decisions in child welfare：the use of attachment theory［J］. Children and Youth Services Review，27(6)：577-593.

Mohan B，2015. Epilogue：mendacity of development［M］//Global frontiers of social development in theory and practice. New York：Palgrave Macmillan：255-262.

Moriki E，Petreniti V，Marini V K，et al.，2018. Connectedness to nature as a factor influencing well-being：implications on nature-centered tourism［C］//10th International conference on islands tourism Palermo，Italy.

Nguyen H V，Nguyen C H，Hoang T T B，2019. Green consumption：closing the intentionbehavior gap［J］. Sustainable Development，27(1)：118-129.

Nilsson A，Bergquist M，Schultz W P，2017. Spillover effects in environmental behaviors，across time and context：a review and research agenda［J］. Environmental Education Research，23

(4):573-589.

Nisbet E K,Zelenski J M,Murphy S A,2009. The nature relatedness scale:linking individuals' connection with nature to environmental concern and behavior[J]. Environment and Behavior,41(5):715-740.

Olivos P,Aragonés J I,Amérigo M,2011. The connectedness to nature scale and its relationship with environmental beliefs and identity[J]. International Journal of Hispanic Psychology,4 (1):5-19.

Palmer A,Koenig-Lewis N,Jones L E M,2013. The effects of residents' social identity and involvement on their advocacy of incoming tourism[J]. Tourism Management,38:142-151.

Park H S,Smith S W,2007. Distinctiveness and influence of subjective norms,personal descriptive and injunctive norms,and societal descriptive and injunctive norms on behavioral intent:a case of two behaviors critical to organ donation[J]. Human Communication Research,33(2):194-218.

Patwardhan V,Ribeiro M A,Payini V,et al.,2020. Visitors' place attachment and destination loyalty:examining the roles of emotional solidarity and perceived safety[J]. Journal of Travel Research,59(1):3-21.

Pearce J L,1998. Face,harmony,and social structure:an analysis of organizational behavior across cultures[J]. Personnel Psychology,51(4):1029.

Perkins H E,2010. Measuring love and care for nature[J]. Journal of Environmental Psychology,30(4):455-463.

Ploderer B,Reitberger W,Oinas-Kukkonen H,et al.,2014. Social interaction and reflection for behavior change[J]. Personal and Ubiquitous Computing,18(7):1667-1676.

Podsakoff P M,MacKenzie S B,Lee J Y,et al.,2003. Common method biases in behavioral research:a critical review of the literature and recommended remedies[J]. Journal of Applied Psychology,88(5):879.

Proshansky H M,1978. The city and self-identity[J]. Environment and Behavior,10(2): 147-169.

Puska P,2019. Does organic food consumption signal prosociality? An application of Schwartz's value theory[J]. Journal of Food Products Marketing,25(2):207-231.

Rahman I,Reynolds D,2019. The influence of values and attitudes on green consumer behavior:a conceptual model of green hotel patronage[J]. International Journal of Hospitality & Tourism Administration,20(1):47-74.

Rahman I,Reynolds D,2016. Predicting green hotel behavioral intentions using a theory of environmental commitment and sacrifice for the environment[J]. International Journal of

Hospitality Management,52:107-116.

Ram Y,Björk P,Weidenfeld A,2016. Authenticity and place attachment of major visitor attractions[J]. Tourism Management,52:110-122.

Ramkissoon H,Smith L D G,Weiler B,2013. Relationships between place attachment,place satisfaction and pro-environmental behavior in an Australian national park[J]. Journal of Sustainable Tourism,21(3):434-457.

Ramkissoon H,Smith L D G,Weiler B,2013. Testing the dimensionality of place attachment and its relationships with place satisfaction and pro-environmental behaviors:a structural equation modelling approach[J]. Tourism Management,36:552-566.

Ramkissoon H, Weiler B, Smith L D G, 2012. Place attachment and pro-environmental behaviour in national parks:the development of a conceptual framework[J]. Journal of Sustainable Tourism,20(2):257-276.

Rajecki D W,1982. Attitudes:themes and advances[M]. Sunderland:Sinauer Associates.

Restall B,Conrad E,2015. A literature review of connectedness to nature and its potential for environmental management[J]. Journal of Environmental Management,159:264-278.

Ritchie J R B,Crouch G I,2003. The competitive destination:a sustainable tourism perspective [M]. Wallingford:Cabi Publishing.

Rotter J B,1966. Generalized expectancies for internal versus external control of reinforcement [J]. Psychological Monographs:General and Applied,80(1):1.

Rowles G D,1983. Place and personal identity in old age:observations from Appalachia[J]. Journal of Environmental Psychology,3(4):299-313.

Russell J A,Lanius U F,1984. Adaptation level and the affective appraisal of environments[J]. Journal of Environmental Psychology,4(2):119-135.

Sadalla E K, Krull J L, 1995. Self-presentational barriers to resource conservation [J]. Environment and Behavior,27(3):328-353.

Sanders S,Bowie S L,Bowie Y D,2004. Chapter 2 lessons learned on forced relocation of older adults:the impact of Hurricane Andrew on health,mental health,and social support of public housing residents[J]. Journal of Gerontological Social Work,40(4):23-35.

Sapiains R,Beeton R J S,Walker I A,2016. Individual responses to climate change:framing effects on pro-environmental behaviors[J]. Journal of Applied Social Psychology,46(8):483-493.

Scannell L,Gifford R,2010. The relations between natural and civic place attachment and pro-environmental behavior[J]. Journal of Environmental Psychology,30(3):289-297.

Scannell L, Gifford R, 2014. Comparing the theories of interpersonal and place attachment

[M]//Place attachment:advances in theory,methods and applications. London:Routledge: 23-36.

Scannell L,Gifford R,2010. Defining place attachment:a tripartite organizing framework[J]. Journal of Environmental Psychology,30(1):1-10.

Schlenker B R,1986. Self-identification:toward an integration of the private and public self [M]//Public self and private self. New York:Springer:21-62.

Schwartz S H, 1968. Awareness of consequences and the influence of moral norms on interpersonal behavior[J]. Sociometry 31(4):355-369.

Schwartz S H, 1970. Elicitation of moral obligation and self-sacrificing behavior: an experimental study of volunteering to be a bone marrow donor[J]. Journal of Personality and Social Psychology,15(4):283.

Schwartz S H, 1970. Moral decision making and behavior[M]. New York:Academic Press Altruism and Helping Behavior:127-141.

Schwartz S H, 1977. Normative influences on altruism[J]. Advances in Experimental Social Psychology,10:221-279.

Schwartz S H, 1968. Words,deeds and the perception of consequences and responsibility in action situations[J].Journal of Personality and Social Psychology,10(3):232.

Schwartz S H, Howard J A, 1981. A normative decision-making model of altruism[M]// Altruism and helping behavior. Hillsdale:Lawrence Erlbaum:189-211.

Sharpley R, 2014. Host perceptions of tourism:a review of the research[J]. Tourism Management,42:37-49.

Shi H,Wang S,Guo S,2019. Predicting the impacts of psychological factors and policy factors on individual's PM2. 5 reduction behavior:an empirical study in China[J]. Journal of Cleaner Production,241:118416.

Silva I A C N,2017. Promoting pro-environmental behaviors in the organizations:the role of perceived organizational environmental support[D]. Lisbon:ISCTE-IUL.

Snyder M,1974. Self-monitoring of expressive behavior[J]. Journal of Personality and Social Psychology,30(4):526.

Song Z,Soopramanien D,2019. Types of place attachment and pro-environmental behaviors of urban residents in Beijing[J]. Cities,84:112-120.

Song Z, Daryanto A, Soopramanien D, 2019. Place attachment, trust and mobility:three-way interaction effect on urban residents' environmental citizenship behavior[J]. Journal of Business Research,105:168-177.

Stedman R C,2003. Is it really just a social construction? The contribution of the physical environment to sense of place[J]. Society & Natural Resources,16(8):671-685.

Steg L,2005. Car use: lust and must. Instrumental, symbolic and affective motives for car use [J]. Transportation Research Part A: Policy and Practice,39(2-3):147-162.

Steg L, De Groot J,2010. Explaining prosocial intentions: testing causal relationships in the norm activation model[J]. British Journal of Social Psychology,49(4):725-743.

Steinhorst J, Klöckner C A, Matthies E, 2015. Saving electricity: for the money or the environment? Risks of limiting pro-environmental spillover when using monetary framing [J]. Journal of Environmental Psychology,43:125-135.

Stern P C, 2000. New environmental theories: toward a coherent theory of environmentally significant behavior[J]. Journal of Social Issues,56(3):407-424.

Stern P C, Dietz T, Abel T, et al., 1999. A value-belief-norm theory of support for social movements: the case of environmentalism[J]. Human Ecology Review,6:81-97.

Storey J, 2016. Human resource management[M]. Northampton: Edward Elgar Publishing Limited.

Su L, Huang S, Pearce J, 2019. Toward a model of destination resident-environment relationship: the case of Gulangyu, China[J]. Journal of Travel & Tourism Marketing, 36 (4):469-483.

Su L, Swanson S R, Chen X, 2018. Reputation, subjective well-being, and environmental responsibility: the role of satisfaction and identification[J]. Journal of Sustainable Tourism, 26(8):1344-1361.

Su L, Wang L, Law R, et al., 2017. Influences of destination social responsibility on the relationship quality with residents and destination economic performance[J]. Journal of Travel & Tourism Marketing,34(4):488-502.

Tan W, Li X, 2017. Guidance of the coordination theory of man-land relationship to land exploitation and utilization[C]//2017 4th international conference on industrial economics system and industrial security engineering (IEIS). IEEE:1-5.

Tang Z, Bai S, Shi C, et al., 2018. Tourism-related CO_2 emission and its decoupling effects in China: a spatiotemporal perspective[J]. Advances in Meteorology,1:1-9.

Tascioglu M, Eastman J K, Iyer R,2017. The impact of the motivation for status on consumers' perceptions of retailer sustainability: the moderating impact of collectivism and materialism [J]. Journal of Consumer Marketing,34(4):292-305.

Teng Y M, Wu K S, Liu H H, 2015. Integrating altruism and the theory of planned behavior to predict patronage intention of a green hotel[J]. Journal of Hospitality & Tourism Research, 39(3):299-315.

Te Velde V L, 2018. Beliefs-based altruism as an alternative explanation for social signaling behaviors[J]. Journal of Economic Behavior & Organization, 152:177-191.

Thøgersen J, 2004. A cognitive dissonance interpretation of consistencies and inconsistencies in environmentally responsible behavior[J]. Journal of Environmental Psychology, 24(1): 93-103.

Thøgersen J, 2006. Norms for environmentally responsible behavior: an extended taxonomy[J]. Journal of Environmental Psychology, 26(4):247-261.

Thøgersen J, 1999. Spillover processes in the development of a sustainable consumption pattern [J]. Journal of Economic Psychology, 20(1):53-81.

Thøgersen J, Crompton T, 2009. Simple and painless? The limitations of spillover in environmental campaigning[J]. Journal of Consumer Policy, 32(2):141-163.

Thøgersen J, Ölander F, 2003. Spillover of environment-friendly consumer behavior[J]. Journal of Environmental Psychology, 23(3):225-236.

Thurstone L L, 1929. Theory of attitude measurement[J]. Psychological Review, 36(3):222.

Tiefenbeck V, Staake T, Roth K, et al., 2013. For better or for worse? Empirical evidence of moral licensing in a behavioral energy conservation campaign [J]. Energy Policy, 57: 160-171.

Truelove H B, Carrico A R, Weber E U, et al., 2014. Positive and negative spillover of pro-environmental behavior: an integrative review and theoretical framework [J]. Global Environmental Change, 29:127-138.

Truelove H B, Yeung K L, Carrico A R, et al., 2016. From plastic bottle recycling to policy support: an experimental test of pro-environmental spillover[J]. Journal of Environmental Psychology, 46:55-66.

Tsai C C, Yang Y K, Cheng C H, 2014. The effect of social comparison with peers on self-evaluation[J]. Psychological Reports, 115(2):526-536.

Unanue W, Vignoles V L, Dittmar H, et al., 2016. Life goals predict environmental behavior: cross-cultural and longitudinal evidence[J]. Journal of Environmental Psychology, 46:10-22.

Valdez R X, Peterson M N, Stevenson K T, 2018. How communication with teachers, family and friends contributes to predicting climate change behavior among adolescents[J]. Environmental Conservation, 45(2):183-191.

Van Niekerk M, 2014. The role of the public sector in tourism destination management from a network relationship approach[J]. Tourism Analysis, 19(6):701-718.

Vernon P E, Allport G W, 1931. A test for personal values[J]. The Journal of Abnormal and Social Psychology, 26(3):231.

Vollero A，Conte F，Bottoni G，et al.，2018. The influence of community factors on the engagement of residents in place promotion：empirical evidence from an Italian heritage site [J]. International Journal of Tourism Research，20(1)：88-99.

Wan C，Shen G Q，Choi S，2021. The place-based approach to recycling intention：integrating place attachment into the extended theory of planned behavior[J]. Resources，Conservation and Recycling，169：105549.

Wang S，Wang J，Li J，et al.，2020. Do motivations contribute to local residents' engagement in pro-environmental behaviors? Resident-destination relationship and pro-environmental climate perspective[J]. Journal of Sustainable Tourism，28(6)：834-852.

Wang X，Qin X，Zhou Y，2020. A comparative study of relative roles and sequences of cognitive and affective attitudes on tourists' pro-environmental behavioral intention[J]. Journal of Sustainable Tourism，28(5)：727-746.

Wilson D S，2015. Does altruism exist? Culture，genes，and the welfare of others[M]. New Haven：Yale University Press.

Xu F，Huang L，Whitmarsh L，2020. Home and away：cross-contextual consistency in tourists' pro-environmental behavior[J]. Journal of Sustainable Tourism，28(10)：1443-1459.

Zelenski J M，Desrochers J E，2021. Can positive and self-transcendent emotions promote pro-environmental behavior? [J]. Current Opinion in Psychology，42：31-35.

Żemła M，2016. Tourism destination：the networking approach[J]. Moravian Geographical Reports，24(4)：2-14.

Zhang L，Ruiz-Menjivar J，Luo B，et al.，2020. Predicting climate change mitigation and adaptation behaviors in agricultural production：a comparison of the theory of planned behavior and the Value-Belief-Norm Theory[J]. Journal of Environmental Psychology，68：101408.

Zhang Y，Moyle B D，Jin X，2018. Fostering visitors' pro-environmental behavior in an urban park[J]. Asia Pacific Journal of Tourism Research，23(7)：691-702.

Zhang Y，Wang Z，Zhou G，2013. Antecedents of employee electricity saving behavior in organizations：an empirical study based on norm activation model[J]. Energy Policy，62：1120-1127.

Zhang Y，Zhang H L，Zhang J，et al.，2014. Predicting residents' pro-environmental behaviors at tourist sites：the role of awareness of disaster's consequences，values，and place attachment [J]. Journal of Environmental Psychology，40：131-146.

Zheng S，Kahn M E，Sun W，et al.，2014. Incentives for China's urban mayors to mitigate pollution externalities：the role of the central government and public environmentalism[J].

Regional Science and Urban Economics,47:61-71.

Zou L W,Chan R Y K,2019. Why and when do consumers perform green behaviors? An examination of regulatory focus and ethical ideology[J]. Journal of Business Research,94：113-127.

樊海莲,2023.乡村旅游地居民亲旅游行为影响因素研究[D].沈阳:辽宁大学.

葛绪锋,吕文佼,2023.旅游地居民社区依恋、环境关心对环境责任行为的影响研究[J].淮阴师范学院学报(哲学社会科学版),45(4):377-384.

郝骁荣,2023.环境可持续性认知对旅游地社区居民亲环境行为的影响[D].重庆:重庆三峡学院.

姜洁,2020.游客对青岛地方性的认同研究[D].青岛:青岛大学.

金美兰,2019.旅游地居民亲环境行为的影响机理研究[J].旅游纵览(下半月),10:41-43.

李娜,吴建平,2016.自然联结量表的修订及信效度[J].中国健康心理学杂志,24(9):1347-1350.

李秋成,周玲强,2014.社会资本对旅游者环境友好行为意愿的影响[J].旅游学刊,29(9):73-82.

李奕丰,2020.中国家庭代际支持的动机研究[D].成都:四川省社会科学院.

廖守亿,陆宏伟,陈坚,等,2006.基于 Agent 的建模与仿真概念化框架[J].系统仿真学报 S2：616-620.

林德荣,刘卫梅,2016.旅游不文明行为归因分析[J].旅游学刊,31(8):8-10.

刘文龙,2018.基于 REPASTSIMPHONY 平台人群运动行为仿真及优化[D].天津:天津工业大学.

陆大道,郭来喜,1998.地理学的研究核心:人地关系地域系统:论吴传钧院士的地理学思想与学术贡献[J].地理学报,2:3-11.

吕宛青,汪熠杰,2023.基于心理账户的乡村旅游地居民环境责任行为演化与促进研究[J].旅游科学,37(1):23-42.

谌杨杨,2013.海岛旅游地人地关系协调发展研究[D].青岛:中国海洋大学.

万紫佳,2018.人际协调中的共同意图对 4~6 岁儿童亲社会行为的影响[D].南京:南京师范大学.

王小川,2013,MATLAB 神经网络 43 个案例分析[M].北京:北京航空航天大学出版社.

王咏,2014.社区居民感知视角下黄山风景区门户城镇旅游发展特征与机理研究[D].芜湖:安徽师范大学.

谢磊,曾宇嫦,袁诗梦,2023.生态文明建设背景下乡村旅游地居民环保意识探究:基于罗溪瑶族乡的调查[J].旅游纵览,12:69-71.

许峰,秦晓楠,李秋成,2010.资源系统支撑下的乡村旅游地多中心治理研究[J].旅游科学,24(2):18-25.

闫孝茹,2020.乡村旅游地居民旅游影响感知与环境友好行为的关系研究[D].南宁:广西大学.

叶丽娟,2017.基于不同动机的环境溢出效应研究[D].南京:南京大学.

俞学燕,2018.城市居民能源消费行为低碳化的政策干预路径与仿真研究[D].徐州:中国矿业大学.

翟学伟,2004.人情、面子与权力的再生产:情理社会中的社会交换方式[J].社会学研究,5:48-57.

张爱兵,陈建,王正军,等,2001.BP 网络模型和 LOGIT 模型在森林害虫测报上的应用初报:以安徽省潜山县马尾松毛虫为例[J].生态学报,12:2159-2165.

郑度,2002.21 世纪人地关系研究前瞻[J].地理研究,1:9-13.

朱竑,刘博,2011.地方感、地方依恋与地方认同等概念的辨析及研究启示[J].华南师范大学学报(自然科学版),1:1-8.